跟着电网企业劳模学 系列培训教材

供电企业油气检测实验室
建设指南

国网浙江省电力有限公司　组编

中国电力出版社
CHINA ELECTRIC POWER PRESS

内 容 提 要

本书是"跟着电网企业劳模学系列培训教材"之《供电企业油气检测实验室建设指南》分册，介绍电力用绝缘油、SF$_6$气体的检测现状和供电企业油气检测实验室建设现状，并从实验室规划、实验室总体功能设计、检测仪器分级配置等方面讲述了供电企业油气检测实验室建设的要求。本书对绝缘油、SF$_6$气体检测设备及其他设备的检测原理、仪器构成、仪器维护等方面进行了系统介绍，还涉及油气检测实验室的管理要求和验收等相关内容。本书可为加强供电企业油气检测实验室能力建设、提升油气检测实验室管理水平提供参考，为电力行业内绝缘油、气体检测专业队伍管理、技术和技能的培养提供思路和技术支撑。

本书可供电力检测技术、技能人员及相关工程管理人员阅读，也可作为电力系统专业技术人员培训教材。

图书在版编目（CIP）数据

供电企业油气检测实验室建设指南 / 国网浙江省电力有限公司组编 .—北京：中国电力出版社，2023.6

跟着电网企业劳模学系列培训教材

ISBN 978-7-5198-7764-4

Ⅰ．①供…　Ⅱ．①国…　Ⅲ．①电力系统－润滑油－检测－实验室管理－技术培训－教材②电力系统－液体绝缘材料－检测－实验室管理－技术培训－教材③电力系统－气体绝缘材料－检测－实验室管理－技术培训－教材　Ⅳ．① TE626.3-33

中国国家版本馆 CIP 数据核字（2023）第 071674 号

出版发行：中国电力出版社
地　　址：北京市东城区北京站西街 19 号（邮政编码 100005）
网　　址：http://www.cepp.sgcc.com.cn
责任编辑：刘丽平　王蔓莉
责任校对：黄　蓓　李　楠
装帧设计：张俊霞　赵姗姗
责任印制：石　雷

印　　刷：固安县铭成印刷有限公司
版　　次：2023 年 6 月第一版
印　　次：2023 年 6 月北京第一次印刷
开　　本：710 毫米 ×980 毫米　16 开本
印　　张：11
字　　数：153 千字
印　　数：0001-1000 册
定　　价：55.00 元

编 委 会

编 写 组

丛书序

国网浙江省电力有限公司在国家电网有限公司领导下，以努力超越、追求卓越的企业精神，在建设具有卓越竞争力的世界一流能源互联网企业的征途上砥砺前行。建设一支爱岗敬业、精益专注、创新奉献的员工队伍是实现企业发展目标、践行"人民电业为人民"企业宗旨的必然要求和有力支撑。

国网浙江省电力有限公司为充分发挥公司系统各级劳模在培训方面的示范引领作用，基于劳模工作室和劳模创新团队，设立劳模培训工作站，对全公司的优秀青年骨干进行培训。通过严格管理和不断创新发展，劳模培训取得了丰硕成果，成为国网浙江省电力有限公司培训的一块品牌。劳模工作室成为传播劳模文化、传承劳模精神，培养电力工匠的主阵地。

为了更好地发扬劳模精神，打造精益求精的工匠品质，国网浙江省电力有限公司将多年劳模培训积累的经验、成果和绝活，进行提炼总结，编制了"跟着电网企业劳模学系列培训教材"。该丛书的出版，将对劳模培训起到规范和促进作用，以期加强员工操作技能培训和提升供电服务水平，树立企业良好的社会形象。丛书主要体现了以下特点：

一是专业涵盖全，内容精尖。丛书定位为劳模培训教材，涵盖规划、调度、运检、营销等专业，面向具有一定专业基础的业务骨干人员，内容力求精练、前沿，通过本教材的学习可以迅速提升员工技能水平。

二是图文并茂，创新展现方式。丛书图文并茂，以图说为主，结合典型案例，将专业知识穿插在案例分析过程中，深入浅出，生动易学。除传统图文外，创新采用二维码链接相关操作视频或动画，激发读者的阅读兴趣，以达到实际、实用、实效的目的。

三是展示劳模绝活，传承劳模精神。"一名劳模就是一本教科书"，丛书对劳模事迹、绝活进行了介绍，使其成为劳模精神传承、工匠精神传播的载体和平台，鼓励广大员工向劳模学习，人人争做劳模。

丛书既可作为劳模培训教材，也可作为新员工强化培训教材或电网企业员工自学教材。由于编者水平所限，不到之处在所难免，欢迎广大读者批评指正！

最后向付出辛勤劳动的编写人员表示衷心的感谢！

丛书编委会

前　言

　　能源行业尤其是电力行业拥有大量的充油、充气电力设备，绝缘油、六氟化硫气体的品质对设备的绝缘性能有着重要影响，其绝缘性能直接关系到电力设备及电力系统的安全经济运行。随着全社会用电量和电网规模的快速增长，电力设备周期性油气检测需求高速增长，迫切需要电力企业不断加强设备检测资源配置。供电企业油气检测实验室是电力设备油气检测业务实施的主要载体，加强实验室检测能力建设、规范实验室管理，对推动完善供电企业绝缘监督工作体系、提升设备健康水平具有重要的现实意义。

　　为落实电网本质安全要求，健全和完善供电公司绝缘油气质量检测体系，全面提升绝缘油气检测能力，亟需构建规范的油气检测实验室，统一绝缘油、气体检测队伍管理理念，统一对油气检测装备的运用规范、统一系统油气检测流程管理标准。在绝缘油气检测领域技术快速进步，以及油气检测设备向智能化、小型化发展的背景下，如何建设标准化、专业化的油气检测实验室和选购性能优异的油、气检测设备以满足不同检测需求、环保要求，最大限度地实现企业资源的优化配置，已成为现阶段电力企业亟需解决的难题之一。

　　本书介绍了油气检测实验室常规仪器使用及注意事项。介绍了绝缘油、SF_6 气体常规检测仪器的选型，可以更好地指导相关单位构建规范的油气检测实验室，开展企业内部油气检测队伍管理、技术、技能的培养。本书可以帮助专业管理人员和技能岗位人员构建起知识结构平台，进行有计划、有针对性地学习，做到循序渐进，融会贯通。

　　限于编写组水平，书中难免疏漏和不当之处，恳请广大读者批评指正。

编写组

2023 年 2 月

目　录

劳模个人简介

周刚，男，1966年11月出生，浙江湖州人，大学本科学历，中共党员，高级工程师，高级技师，国网浙江省电力有限公司嘉兴供电公司"周刚劳模创新工作室"负责人。

先后被授予国家电网有限公司劳动模范，中国质量工匠，浙江工匠、浙江省质量工匠、浙江省杰出质量人，国网浙江省电力有限公司三级专家、劳动模范、首席专家、首席工匠、首席技师、十佳技术创新能手、十佳创客，嘉兴市发明家、劳动模范等称号。获得专利400余项，150余篇论文被SCI、EI、技术期刊等发表、收录；主持获得国家电网有限公司、浙江省等各级科技进步奖等奖项60余项；长期担任全国电力行业、浙江省质量管理小组活动评委；领衔以其名字命名的QC小组获全国QC活动标杆小组、连续13年获得全国优秀质量管理小组、多次获得国际QC金奖、银奖；主编、参编专著20余本，主持撰写国家电网网络大学培训教材7项。

周刚劳模创新工作室立足生产实际，秉持以人为本、高度定制、创培一体、知行合一的原则，首创"人才孵化工厂"，专注培养技术精湛、技能精益的复合型、智慧型人才，为企业全面贯彻国家电网有限公司战略、全面建设新型电力系统作出重要贡献。2020年，周刚劳模创新工作室被命名为"国网浙江省电力有限公司劳模创新工作室示范点"；2020年被命名为"浙江省高技能人才创新工作室"；2022年被命名为"嘉兴市技能大师工作室"。

第一章
概　　述

电力设备用绝缘油和 SF_6 气体的质量直接关系到电力设备的安全经济运行，电力行业历来重视油务监督和管理工作，将其视为绝缘监督的重要内容。过去几十年，中国已经建立了油品质量标准体系和运行维护管理体制，配备了专门的仪器设备和人员进行监督检测和维护，取得了良好效果。电力企业通过对绝缘油和 SF_6 气体进行周期性检测，为电力设备的故障诊断和预警提供了可靠依据。随着国民经济的快速发展，电力工业正在迅速的发展，发电机组容量和供配电设备参数不断提高，1000kV 交流输电设备、±800kV 直流输电设备已初具规模，相应地需要完善和加强对电力设备用绝缘油及 SF_6 气体的技术监督管理，建立与企业生产实际需求相适应的油气检测实验室。

第一节　电力用油、用气

电力系统所使用的绝缘介质主要包括电力用绝缘油、SF_6 气体。本章主要就电力用绝缘油、SF_6 气体的性能、质量标准、检测现状等方面进行论述。

一、电力用绝缘油

（一）电力用绝缘油

绝缘油是电力系统中重要的矿物液体绝缘介质，如油浸式变压器（电抗器）、有载分接开关、电流互感器、电压互感器、高压套管、电容器、充油电力电缆等大都充以绝缘油。绝缘油在设备中发挥绝缘、散热作用。因此，要求绝缘油具有优良的理化性能及电气性能，对于超高压设备用油更有特殊的性能要求。

（二）电力用绝缘油的特性要求

电力用绝缘油是发、供电设备的重要绝缘介质，其质量好坏直接影响发、供电设备的安全、经济运行，所以电力系统对绝缘油质量有严格的规定和要求。

1. 抗氧化安定性

绝缘油在变压器中的运行温度约为 60～80℃。绝缘油经呼吸器与空气接触，同时还受电场、电晕、局部放电以及过热等影响，油品会发生热老化和电老化（统称劣化或氧化）。因此，要求油品有良好的抗氧化安定性，一般要求绝缘油使用年限为 10～20 年。

2. 电气性能

评定绝缘油电气性能的指标有绝缘强度（或称击穿电压）、介质损耗因数、体积电阻率和析气性等。

3. 高温安全性要好

油的高温安全性通常以闪点来表示，闪点越低，油品的挥发性越大，则安全性越差。

（三）电力用绝缘油的理化、电气性能

炼制电力用油的原料有环烷基原油、石蜡基原油和混合基（中间基）原油三种。采用环烷基原油炼制绝缘油相对比较好，但环烷基原油在世界各地都比较稀少，而石蜡基原油比较多。国产 45 号变压器油多是由新疆克拉玛依油田开采的环烷基原油炼制而成；由于大庆油田开采的原油含蜡较高（石蜡基），故 10 号、25 号变压器油及汽轮机油多为大庆油田开采原油炼制而成。矿物油由各种烃类物质组成，在运行中受到电场、热、金属、空气等的影响，会逐渐氧化。因此，电力系统对油品的性能、质量有严格的要求，要求油品具有良好的物理性能、化学性能和电气性能等。

1. 绝缘油的物理性能

只有化学纯净的均匀物质才具有恒定的物理性质。绝缘油不是化学纯净的均匀物质，而是由很多不同分子的液态烃类物质组成的混合物，因而其物理性质并不是恒定的，而是随其所含各种不同物质而变化的。如原馏分油提炼的温度偏高，含重质油的部分多，则炼出成品油的比重、粘度等就会相应的偏高。

经多年实践证明，绝缘油品的物理性质在运行中的变化有一定的规律。油的物理性质是评定新油和运行中油的一项重要指标。但由于油是各种烃类化合物的复杂混合物，不能测定单体组分的物理性质，只能把油的物理性质理解为各种烃类化合物的综合表现。故测定油的物理性质通常采用条件试验的方法，即使用特定的试验仪器，并按照规定的试验条件和步骤进行测定，通过测定了解其物理性能。绝缘油的物理性能包括：①外观颜色和透明度；②密度和比重；③黏度、黏温性和黏度系数；④凝点、倾点和低温流动性；⑤闪点、燃点和自燃点；⑥机械杂质（颗粒度）；⑦界面张力；⑧灰分；⑨比色散；⑩苯胺点。

2. 绝缘油的化学性能

绝缘油的化学性能与其炼制工艺、精制深度以及基础油的化学组成有关。绝缘油的化学性能受环境的影响而变化，也可因自身氧化而变质。绝缘油的化学性能包括：①水溶性酸和碱；②酸值；③水分；④活性硫（硫腐蚀）；⑤苛性钠试验；⑥液相锈蚀试验和坚膜试验；⑦破乳化时间；⑧抗泡沫性质；⑨空气释放值；⑩氧化安定性。

3. 绝缘油的电气性能

目前矿物绝缘油是电气设备普遍采用的液体绝缘介质，因此应具有优良的电气性能。随着电压等级的升高和电气设备容量的增大，设备厂和电力部门重点关注的绝缘油电气性能包括：①击穿电压；②介质损耗因数；③绝缘油的体积电阻率；④析气性（气稳定性）等。

4. 电力用绝缘油的油质标准

（1）新绝缘油国内标准。油质标准是评定油品的物理、化学、电气和润滑等性能的技术规范和质量指标。中国现行的油质标准由国家或主管部门统一制订，作为生产单位油品出厂时质量的检验和使用单位对新油质量的验收及运行中油质监督的依据。目前中国油质标准大致分为国家标准（代号 GB）、专业（或行业）标准（代号 ZB）及企业标准（代号 QB）三种。此外，各行业根据本部门生产的需要而制订的有关规格标准（如电力工业部部颁标准代号 DL 等）。

新绝缘油标准按国家规定由生产部门制定。中国新绝缘油（变压器油）按其凝固点划分为 10 号、25 号、45 号三个牌号，其代号分别为 DB-10、DB-25、DB-45。中国绝缘油标准主要有 GB 2536《变压器油标准》、SH 0040《超高压变压器油标准》、SH 0351《断路器油标准》。

（2）新油国际标准。国际上现行的绝缘油新油标准为国际电工委员会提出的 IEC 296《矿物绝缘油规范》。

（3）运行油标准。运行中绝缘油标准按国家规定由使用部门制定。国际上，一般采用国际电工委员会 IEC 422 作为运行变压器油试验项目和判断指标。

5. 实验室检测项目及标准

绝缘油油质试验主要分为验收试验、交接试验和运行阶段监督试验等：①验收试验主要为新油的诊断性检测，对绝缘油结构族、糠醛、腐蚀性硫、总硫、界面张力、T501、密度、粘度、倾点、闪点、酸值等项目进行检测，检测结果符合 GB 2536《电工液体变压器和开关用未使用过的矿物绝缘油》的要求；②交接试验主要是基建期间对绝缘油进行检测，包括外状、水溶性酸、酸值、闪点、水分、界面张力、油中含气量（500kV 以上）、腐蚀性硫、油中颗粒度（500kV 以上）等项目，检测结果应符合 GB/T 7595《运行中变压器油质量标准》中投入运行前油质的要求；③运行阶段监督试验主要是指设备运行期间绝缘油相关指标的周期监督检测，主要包括外状、油中溶解气体组分、水溶性酸、酸值、闭口闪点、水分等项目，检测结果应符合 GB/T 7595《运行中变压器油质量标准》运行油质要求。

绝缘油取样及检测方法需参考的标准如下：

GB/T 7597《电力用油（变压器油、汽轮机油）取样方法》

GB/T 264《石油产品酸值测定法》

GB/T 507《绝缘油击穿电压测定法》

GB/T 5654—2007《液体绝缘材料相对介电常数、介质损耗因数和体积电阻率的测量》

GB 6541《石油产品油对水界面张力测定法（圆环法）标准》

GB/T 7600《运行中变压器油和汽轮机油水分含量测定法（库仑法）》

GB/T 7601《运行中变压器油水分测定法（气相色谱法）》

GB/T 14542《运行中变压器油维护管理导则》

DL 421《绝缘油直流电阻率测定法》

DL/T 423《绝缘油中含气量测定方法真空压差法》

DL 429.1《电力系统油质试验方法 透明度测定法》

DL 429.2《电力系统油质试验方法 电力用油颜色测定法》

DL 429.9《电力系统油质试验方法 绝缘油介电强度测定法》

DL/T 432《电力用油中颗粒污染度测量方法》

DL/T 450《绝缘油中含气量的测试方法（二氧化碳洗脱法）》

DL/T 703《绝缘油中含气量的气相色谱测定法》。

二、SF_6 气体

电气设备传统的绝缘介质和灭弧介质是绝缘油。绝缘油的最大缺点是可燃性，电气设备一旦发生损坏短路，都有可能出现电弧，电弧高温可使绝缘油燃烧而发生火灾，这个问题的危害在城市电网中特别突出。因此，急需寻找不燃烧的绝缘介质和灭弧介质。

SF_6 气体具有良好的绝缘和灭弧性能，且不燃烧。1937 年，法国首先将 SF_6 用于高压绝缘电气设备，1955 年美国西屋电气公司制造了世界上第一台 SF_6 断路器，中国从 20 世纪 60 年代开始研制 SF_6 绝缘电气设备。目前，SF_6 已成为断路器主要的绝缘、灭弧和散热介质，也被作为气体绝缘封闭式组合电器、电力电缆、变压器的绝缘和散热介质。在 63～500kV、750kV、±800kV 及 1000kV 电压等级中，SF_6 断路器和 SF_6 全封闭组合电器（GIS）的应用已相当普遍，110kV 的 SF_6 气体绝缘变压器也已在电力系统中应用。

（一）SF_6 气体基本特性

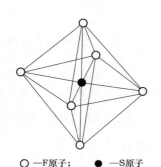

○—F原子； ●—S原子

图 1-1　SF_6 分子结构

SF_6 是一种无色、无味、无毒性、不可燃的气体，化学性质稳定，在常温下不与其他物质发生化学反应。由于它具有良好的绝缘和灭弧特性，所以在正常条件下是一种很理想的介质。它由最活泼的卤族元素氟（F）原子与硫（S）原子组合而成，其分子结构是一个完全对称的正八面体，如图 1-1 所示。S 原子居于正八面体中心，F 原子位于正八面体的六个角上。S 与 F 原子之间是共价键结合，其分子直径比 O_2、N_2 和 H_2O 分子的直径均大些，其分子量比较大，是氮气（N_2）的 5.2 倍，因此它的密度约为空气的 5.1 倍，容易引起窒息。

SF$_6$ 的临界压力和临界温度都比较高。由于 SF$_6$ 的化学结构比较稳定，故其化学性能极不活泼。温度在 150℃ 以下时，SF$_6$ 不与电气设备中的材料起化学反应；若温度超过 150℃，硅钢会促使 SF$_6$ 分解，并有微弱反应；在温度 180～200℃ 时，SF$_6$ 可与 AlCl 反应生成 AlF；温度在 250℃ 左右时，SF$_6$ 可与 SO$_2$ 发生反应。

（二）电气设备中的 SF$_6$ 气体性能

1. SF$_6$ 在电弧作用下分解产物的基本性质

SF$_6$ 断路器在开断过程中出现电弧时，在电弧的高温作用下 SF$_6$ 气体将发生分解。此时，电弧所在区域的 SF$_6$ 是以硫和氟的单原子状态存在，并大部分在消弧后的瞬间（10^{-5} s）内即迅速复合成 SF$_6$ 分子。在这个复合过程中，极少部分的分解物与电极材料或水分、空气等杂质发生反应而不能恢复原状。SF$_6$ 气体在电弧作用下主要分解产物有四氟化硫（SF$_4$）、氟化硫（S$_2$F$_2$）、二氟化硫（SF$_2$）等，上述分解产物的性质和毒性简述如下。

（1）SF$_4$ 是 SF$_6$ 气体自身的分解产物，化学反应方程如下：

$$SF_6 \longrightarrow SF_4 + F_2$$

SF$_4$ 在常温下为无色气体，有类似 SO$_2$ 的刺鼻气味。SF$_4$ 与水能猛烈反应生成 SOF$_2$ 和 HF。SOF$_2$ 和 HF 都是剧毒和强腐蚀物质，SF$_4$ 对肺有侵害作用，损伤呼吸系统。SF$_4$ 气体可用碱液或活性氧化铝吸附处理。

（2）S$_2$F$_2$ 为 SF$_6$ 与电极触头材料的反应产物，化学反应方程如下：

$$4SF_6 + W + Cu \longrightarrow 2S_2F_2 + 3WF_6 + CuF_2$$

S$_2$F$_2$ 在常温下为无色、有臭味的气体，如遇水蒸气则迅速水解，形成 S、SO$_2$ 和 HF。S$_2$F$_2$ 为有毒刺激性气体，对呼吸系统有破坏作用。S$_2$F$_2$ 也容易被活性氧化铝吸收。

（3）二氟化硫（SF$_2$）为 SF$_6$ 与电极触头的反应产物，化学反应方程如下：

$$2SF_6 + W + Cu \longrightarrow 2SF_2 + WF_6 + CuF_2$$

SF_2 性质极不稳定，易水解生成 S、SO_2、HF。SF_2 毒性一般与 HF 一并考虑，可用碱液或活性氧化铝吸收来去除。

由上述 SF_6 分解过程来看，除电弧为其主要的分解因素之外，电材料水分、氧气以及设备所用的绝缘材料等，都可成为促使 SF_6 分解的因素，但程度不同。

2. 水分对 SF_6 电气设备绝缘的影响

（1）水分是引起化学腐蚀的主要因素。SF_6 在常温下非常稳定，但当有水分存在时，特别水分较多且温度 200℃ 以上时，SF_6 就有可能产生水解：

$$2SF_6 + 6H_2O \longrightarrow 2SO_2 + 12HF + O_2$$

水解生成的 HF 是所有酸类物质中腐蚀性最强的剧毒物质；SO_2 遇水即生成 H_2SO_3，也具有较强的腐蚀作用。

（2）水分含量影响着 SF_6 在电弧作用下分解的组分和含量。由 SF_6 电弧分解产物来看，有不少组分能与水发生水解反应，如 SOF_2、SO_2F_2、SOF_4、SF_4、HF 及 SO_2 等，且都是有毒或腐蚀性强的物质。

水分对绝缘也有一定的危害。混入 SF_6 气体中的水分通常是以水蒸气状态存在，但当温度降低时可能凝结成露水，附着在绝缘件表面，可能产生沿面放电（闪络）从而引起事故。

（三）SF_6 气体标准

1. 新 SF_6 气体的验收和管理

目前，工业制备 SF_6 的方法多采用单质硫磺与过量气态氟直接化合的方法，化学反应方程如下：

$$S + 3F_2 \longrightarrow SF_6 + Q$$

合成的粗品中含有多种杂质，其组成和含量因原材料的纯度、生产工艺等因素不同有很大差异，杂质总含量可达 5%。为了净化粗品中的杂质，需要进行水洗、碱洗、热解、吸附剂吸附净化等一系列净化处理，才能得到纯度在 99.8% 以上的精制成品。除上述在生产过程中可能含有的若干杂质外，在 SF_6 充装和运输过程中，还有可能混入少量的空气、水分和矿物油等物质。

为保证 SF_6 气体的纯度和质量，国际电工委员会（IEC）和许多国家、生产厂家都规定了 SF$_6$ 气体的质量标准，如表 1-1 所示。用户可根据标准进行检测和验收。

表 1-1　　　　　　　　　国内外 SF$_6$ 质量标准

项目名称	IEC 标准	中国暂行标准
空气（N$_2$、O$_2$）	0.2%（体积分数）	≤0.03%
CF$_4$	≤0.4%（体积分数）	≤0.01%
水分	≤0.02%	≤5×10^{-6}
游离酸（用 HF 表示）	≤7×10^{-6}	≤0.2×10^{-6}
可水解氟化物（用 HF 表示）	—	≤1.0×10^{-6}
矿物油	≤10×10^{-6}	≤4×10^{-6}
SF$_6$ 纯度	≥99.7%	≥99.9%

注 表中未说明的百分数表示质量分数，10^{-6} 相当于 1μg/g。

　　新的 SF$_6$ 气体在出厂前虽经过检验，符合表 1-1 的标准后才允许出厂，但使用单位按有关规定仍应进行新气验收试验，以复查其质量是否合格或检验运输过程中是否混入杂质。

　　关于新 SF$_6$ 气体的取样可按取样规程操作。一般钢瓶装 SF$_6$ 为液态，经减压（金属减压阀）放出后为气态，可用取样管（金属不锈钢管）将钢瓶出口和分析设备直接连起来；也可先将 SF$_6$ 气体放入已抽空、洗净且耐一定压力的容器中，以备试验用。

　　2. 运行中 SF$_6$ 气体的监督和管理

　　运行中的 SF$_6$ 气体必须按照有关规程和导则的规定和要求等进行监督、维修和管理工作。设备中 SF$_6$ 气体交接和运行中检测项目和质量指标见表 1-2。

表 1-2　　　　　　　开关设备中 SF$_6$ 气体分析项目和质量标准

项目名称	周期	投运前、交接时	运行中
空气（N$_2$、O$_2$）	投运前必要时	≤0.05%（重量比）	≤0.2%（重量比）
CF$_4$	必要时	≤0.05%（重量比）	≤0.1%（重量比）
湿度（20℃）	投运前运行中：1～3 次/年	灭弧室：≤150μL/L；非灭弧室：≤500μL/L	灭弧室：≤300μL/L；非灭弧室：≤1000μL/L
酸度（用 HF 表示）	必要时	≤0.3×10^{-6}	≤0.3×10^{-6}

项目名称	周期	投运前、交接时	运行中
可水解氟化物 （用 HF 表示）	必要时	$\leqslant 1.0 \times 10^{-6}$	$\leqslant 1.0 \times 10^{-6}$
矿物油	必要时	$\leqslant 10 \times 10^{-6}$	$\leqslant 10 \times 10^{-6}$
气体泄漏	必要时	$\leqslant 0.5\%$	$\leqslant 0.5\%$
分解产物	必要时	$\leqslant 5\mu L/L$，或$\leqslant 2\mu L/L$ （$SO_2 + SOF_2$），$\leqslant 2\mu L/L$（HF）	注意设备中的分解 产物变化增量

（四）SF$_6$ 气体实验室检测项目和标准

国内 SF$_6$ 气体监督检测主要分为新气验收试验和运行阶段监督试验。

新气验收主要包括纯度、空气含量、四氟化碳含量、六氟乙烷含量、八氟丙烷含量、水含量、毒性等项目，检测结果应符合 GB 12022《工业六氟化硫》的要求。运行阶段监督检测主要包括气体年泄漏率、湿度、空气等项目，检测结果应符合 DL/T 595《六氟化硫电气设备气体监督导则》的要求。

SF$_6$ 气体取样方法参考 DL/T 1032《电气设备用六氟化硫（SF$_6$）气体取样方法》，检测方法参考 GB/T 12022《工业六氟化硫》、DL/T 506《六氟化硫电气设备中绝缘气体湿度测量方法》、DL/T 914《六氟化硫气体湿度测定法（重量法）》、DL/T 915《六氟化硫气体湿度测定法（电解法）》、DL/T 916《六氟化硫气体酸度测定法》、DL/T 917《六氟化硫气体密度测定法》、DL/T 918《六氟化硫气体中可水解氟化物含量测定法》、DL/T 919《矿物油含量测定》、DL/T 920《六氟化硫气体中空气、四氟化碳、六氟乙烷和八氟丙烷的测定 气相色谱法》、DL/T 921《六氟化硫气体毒性生物试验方法》。

第二节　能源行业油气检测现状

一、能源行业油气检测现状

（一）绝缘油检测现状

电力系统中使用的绝缘油绝大多数是矿物油。受运行条件的影响，油在运行中不断老化。油的老化产物会损坏设备，威胁电网安全运行。针对绝缘油油质试验在电力运行过程中产生的影响，需要在试验工作中引用一些新的检验方法，比如使用变压器油检测气相色谱仪，能够提高绝缘油油化验技术的效率并发现可能存在的故障，以此来提升电力系统一次设备的实际工作效率，也为供电设备提供了一定的保障。

为此，各级电力试验研究院所相继成立，各供电公司和发电厂也都建立了油务监督管理机构，以加强对用油质量的监督管理和运行维护工作。

（二）SF_6 气体检测

实现 SF_6 气体质量控制的前提是建立准确可靠的分析检测方法和技术。为此，国际电工委员会（IEC）2005 年修订了 SF_6 气体质量标准和 SF_6 新气及电气设备中 SF_6 气体的标准分析方法。1989 年，中国颁布国家标准 GB/T 12022—1989《工业六氟化硫》，并于 2006 年、2014 年分别对其进行修订。1996 年颁布 GB/T 8905《六氟化硫电气设备中气体管理和检测导则》，并于 2012 年进行修订。GB/T 7596《电厂用运行中汽轮机油质量标准》也分别对 SF_6 气体的分析检测方法和技术、SF_6 高压电气设备的监督与管理做了相应的规定。表 1-3 简要介绍了 SF_6 气体检测项目、分析方法和仪器设备。

表 1-3 SF_6 气体检测项目、分析方法和仪器设备

序号	检测项目	分析方法	仪器设备
1	SF_6 气体泄漏检测	局部包扎法或压力降法	检漏仪（仪器原理可以是真空电离、电子捕获、紫外电离等）
2	气体湿度检测	可以采用重量法、露点法、阻容法、电解法测量气体湿度	微量水分测试仪
3	气体密度检测	精确称量一定体积的 SF_6 气体的质量，并将其换算到 20℃、101.3kPa 时的质量，根据已知气体的体积计算其密度	球形玻璃容气瓶，天平，流量计等
4	生物毒性检测	SF_6 气体毒性生物试验方法	染毒缸

序号	检测项目	分析方法	仪器设备
5	气体酸度检测	一定体积的 SF_6 气体以一定的流速通过内有氢氧化钠的吸收瓶，气体中的酸被过量的碱吸收，用硫酸标准液反滴定吸收液，根据消耗硫酸标准液的体积、浓度和一定吸收体积的气体计算酸度	砂芯洗气瓶微量滴定管
6	空气和四氟化碳检测	气相色谱法	气相色谱仪
7	可水解氟化物检测	氟离子用比色法和氟离子选择电极法测定	氟离子选择电极、离子活度计、分光光度计等
8	矿物油含量测定	用红外分光光度计法	红外分光光度计
9	气体纯度检测	气相色谱法等	气相色谱仪、纯度仪
10	电弧裂解产物检测	气相色谱法检测，或用专用型检气管、检测仪检测	气相色谱仪、检气管、检测仪

按现行国家标准，为了控制 SF_6 新气质量，对 SF_6 新气要求做生物毒性测定度、酸度测定，杂质组分（如可水解氟化物、空气、四氟化碳、矿物油等）的测定以及 SF_6 气体纯度的测定。

对于 SF_6 电气设备中气体的质量监督和管理，以往在实际工作中只注重气体湿度、纯度和电气设备气体泄漏的检测。GB/T 7596《电厂用运行中汽轮机油质量标准》对运行中 SF_6 气体的试验项目、周期提出了新的要求，扩大了 SF_6 电气设备中气体质量监督的范围。

SF_6 气体湿度的检测是气体质量监督的一项重要内容。SF_6 气体湿度检测方法很多，主要有重量法、露点法、阻容法和电解法。温度检测的对象不仅针对 SF_6 新气，还包括 SF_6 电气设备中正在使用的 SF_6 气体。诸多的湿度检测方法中，重量法为国际电工委员会（IEC）推荐的仲裁方法，电解法、露点法、阻容法为日常测量方法。

SF_6 气体在电弧作用下的分解产物分析检测也是 SF_6 气体绝缘电气设备监督的内容。由于 SF_6 气体分解产物组分复杂、含量较低，增加了分析检测的难度。随着分析技术的不断发展，分析手段也不断改进。

SF_6 气体检漏主要方法是用 SF_6 气体检漏仪对设备进行全面检漏，查出漏气点，做好记录，并进行有效处理。

二、电网企业油、气检测现状

化学监督是电网企业最早开展的四项监督之一，其中油气检测是化学监督的重要技术手段。通过对变压器绝缘油和 SF_6 进行周期性检测，为电力设备的故障诊断和预警提供可靠的依据。

国家电网有限公司各级生产单位和电力科研院所根据工作需要，建立了在一定时期内符合自身检测需求的油气监督试验室。以华东某省级电力公司为例，其所属地市级供电公司、检修公司、电力科学研究院均设置了油气检测实验室或试验所。省电力科学研究院所辖的理化分析实验室不仅负责开展新绝缘油、SF_6 气体的到货验收、运行变电站油气的故障诊断和在线油色谱装置质量抽检等工作，还负责全省油气检测实验室的试验数据比对工作和检测人员的培训工作；各地市供电公司油气检测实验室是设备运行期间的绝缘油和 SF_6 气体检测的主体，承担油、气的周期性检测和部分故障诊断检测。该省电力公司所辖地市供电公司、检修公司所属油气检测实验室的检测能力、人员配置、运行模式相关情况如下所述。

（一）检测能力

油气检测实验室检测对象主要为绝缘油和 SF_6 气体。绝缘油检测常规项目包括绝缘油介质损耗因数、直流电阻率、击穿电压、酸值、水溶性酸、微量水分、闭口闪点、油中溶解气体分析等；SF_6 气体检测项目主要有湿度、纯度、分解产物测试等。某公司油、气检测项目如表 1-4 所示。

表 1-4　　　　　　　　　　　　某公司油、气检测项目

项目\公司	绝缘油							SF_6 气体		
	绝缘油介损	击穿电压	直流电阻率	微水	酸值	闪点	油中溶解气体	湿度	纯度	分解产物
地市供电公司	√	√	√	√	√		√	√	√	√
省检修公司	√	√	√	√	√	√	√	√	√	√

各实验室配置的检测设备主要有气相色谱仪、绝缘油耐压试验仪、酸

值测试仪、油介损电阻率测量仪、微量水分测试仪、SF_6 气体露点仪、SF_6 纯度仪、SF_6 气体分解产物测试仪等。受所属供电公司的检测能力限制，各油气检测实验室的检测仪器配置的设备也有所差异。例如，个别供电公司的油气检测实验室未配置闭口闪点仪。

（二）检测人员

不同供电公司油气检测人员数量存在明显差异，实验室专职检测人员较少，且多为电气试验人员兼职实施绝缘油气采样和实验室检测。

（三）运行模式

各地市供电公司由于机构设置和变革，油气检测人员设置情况不尽相同。各单位油气检测实验室的运行模式主要有以下几种：

（1）配备独立的油化检测班组，拥有经验丰富的检测团队带头人和固定的检测人员，油气检测专职人员较多，负责地市公司绝大部分油气检测业务，整体技术水平较好，历年的试验室间比对表现也较好。

（2）油化检测班并入电气试验班，专职人员偏少，主要从事室内化验工作，油务工作（取样、滤油等）由一次班负责，SF_6 检测由电气试验班其他人员负责。

（3）油化检测业务整体划归集体公司，气体检测和油样取样工作由市公司电气试验班完成，市公司运检部为业务管理单位。

（4）省检修公司无油化专职人员，油气检测设备主要分布于各运维集控站，且仅开展绝缘油色谱检测。绝缘油除色谱外的其他检测项目和 SF_6 检测委托省送变电公司开展。

第二章
油气检测实验室
建设

第一节 整 体 布 局

实验室整体布局规划设计是一项系统工程，涉及专业众多，需要油气检测专业知识、实验室建设等相关经验作为支撑。无论是新建、扩建还是改建项目，都不仅是选购合理的仪器设备与实验用具，还要综合考虑实验室的总体规划、合理布局和平面设计，以及强弱电、给排水、供气、通风、空调、空气净化、安全措施、环境保护等基础设施和基本条件。

油气检测实验室建设不同于一般的民用建筑，它对建筑物的位置、平面布局形式、防尘、防震、配套设施都有严格的要求，需要设计者根据标准规范，结合设计经验，与建筑结构及分析化验人员密切合作，周密妥善地研究设计方案，使实验室能够满足分析化验工作的要求。图 2-1 所示为油气检测实验室样例。

图 2-1　油气检测实验室样例

一、油气实验室总体功能设计

（一）试验室和场所设置

油气检测实验室的一般宜设置以下专门试验室和场所：

（1）气相色谱试验室。

（2）精密仪器专用试验室（含天平室）。

（3）油质理化常规试验试验室。

（4）SF$_6$ 气体测试室。

（5）气瓶室。

（6）样品室。

（7）药品储存间。

（8）资料档案和试验数据整理室。

（9）更衣间。

（二）实验室和场所要求

实验室总体规模可根据需要，控制在 $80\sim180m^2$。

此外，实验室各专用试验室和场所应考虑满足如下要求：

（1）气相色谱试验室：建有可放置 2~3 台色谱仪的试验台，试验台上设有电脑桌和电源。

（2）精密仪器专用试验室：建有可放电子天平、耐压仪、油介损仪、界面张力仪等精密仪器的试验台。

（3）油质理化常规试验试验室：建有可放置进行变压器油的凝点、pH、酸值、闪点、水分、黏度等项目检测的试验仪器的试验台，试验台上设有电源和药品架，试验台边设有洗涤水池，试验台上设有抽风排气装置。试验室内设有 2 个通风橱。

（4）SF$_6$ 气体测试室：建有可放置 SF$_6$ 露点仪、SF$_6$ 分解产物测试仪等仪器的试验台，试验台底部设有抽风排气装置。

（5）气瓶室：建有用于固定气体钢瓶的钢架，钢架旁铺设有连接色谱室等试验台的气体管路，安装有防爆型的通风排气设施。

（6）样品室：分别建有存放已检和待检油化试验样品的橱柜。

（7）药品储存间：建有存放试验使用的化学药品的橱柜，设有通风排气设施。

（8）资料档案和试验数据整理室。

置有办公桌椅、电脑桌、电话和网络接口和存放油化试验资料档案的文件柜等。

（9）更衣间。

设有存放工作服、SF$_6$气体防护服和防护用品的衣柜。有条件的可设淋浴设施。

二、油气检测实验室设计原则

（一）安全原则

油气检测实验室设备应该具备相应的安全设计，能有效预防责任事故的发生。实验室的选址应合理，如选灰尘少、震动小的地方。房屋结构应考虑防震、防尘、防潮，且隔热良好、光线充足。各个工作室的布局原则是限制样品的流动区域，缩短样品流动行程，尽量减少物（样品）流和人流线路交叉。

（二）效益原则

试验器具排布、房间分隔应充分利用空间，适当预留未来发展空间，提高基础设施利用率。

（三）环保原则

利用排风设备、废弃物处理和回收设备等，净化实验室空气、排水，减少对外界环境的污染。

（四）人性化原则

运用人体工程学原理，专业设计实验室家具及辅助设备，提高工作人员的工作舒适度，提高工作效率，配置合理的实验室设备，进行空间优化组合。

三、油气检测实验室规划等级及要求

（一）实验室等级及能力要求

根据工作要求，地市供电公司油气检测实验室分为常规级和拓展级，各等级实验室能力如表2-1。

常规级：包括绝缘油检测和SF$_6$气体检测。绝缘油检测项目包括介质损耗因数、体积电阻率、击穿电压、微水、酸值、水溶性酸、闪点、色谱等，SF_6检测内容包括湿度、纯度和分解产物等。

拓展级：在常规级的基础上，可以开展绝缘油糠醛、结构族、界面张力等的检测。

表 2-1 　　　　　　　　　实验室等级及能力要求

序号	检测能力		试验室能力级别	
			常规级	拓展级
1	绝缘油	介质损耗因数	√	√
2		体积电阻率	√	√
3		击穿电压	√	√
4		微水	√	√
5		酸值	√	√
6		水溶性酸	√	√
7		闪点	√	√
8		色谱	√	√
9		糠醛		√
10		结构族		√
11		界面张力		√
12	SF_6	湿度	√	√
13		纯度	√	√
14		分解产物	√	√

（二）仪器设备配置要求

油气检测实验室应配置与各项检测能力相适应的仪器，各类试验仪器数量应与所辖电网规模相对应。实验室应委托具有相应资质的机构定期开展仪器设备检定或校准，检定、校准合格的仪器设备应贴合格证。

第二节　建　设　要　求

为强化地市供电公司油气检测能力建设，规范油气检测验实室管理，推动化学监督工作体系构建，提升设备安全水平，各电网企业应根据自身技术监督要求，制定相应的油气检测实验室建设管理指导意见。通过适度超前的规划，辅以行之有效的实验室建设管理手段，指导地市供电公司加强工作组织筹划，开展实验室组织构架、管理体系、试验能力、仪器设备、人员资质等方面的规范化建设，提升油气检测实验室管理水平，深入推进化学技术监督工作，全面提升化学监督水平。

一、试验能力要求

（一）实验室等级及能力要求

根据现状和工作要求，市供电公司油气检测实验室均需具备常规油气体检测能力，主要包括绝缘油检测和 SF_6 气体检测。绝缘油检测项目包括介质损耗因数、体积电阻率、击穿电压、微水、酸值、水溶性酸、闪点、色谱等，SF_6 检测包括湿度、纯度和分解产物等。

（二）仪器设备配置要求

各项检测能力对应的仪器设备配置要求见表 2-2。实验室应委托具有相应资质的机构定期开展仪器设备检定或校准，检定、校准合格的仪器设备应贴合格证，否则不得投入运行。

表 2-2 仪 器 设 备 配 置 要 求

序号	检测能力		试验设备	所需数量	便携式/台式	实验室
1	绝缘油	介质损耗因数	油介损及体积电阻率测试仪	≥3	台式	Ⅰ类
2		直流电阻率		≥2		Ⅱ类
3		绝缘油电导率	绝缘油电导率测试仪	≥1	台式	试点
4		击穿电压	绝缘油耐压测定仪	≥3	台式	Ⅰ类
				≥2		Ⅱ类
5		微水	绝缘油微量水分测定仪	≥3	台式	Ⅰ类
				≥2		Ⅱ类
6		酸值	自动酸值测定仪	≥3	台式	Ⅰ类
				≥2		Ⅱ类
7		水溶性酸	自动水溶性酸测定仪	≥3	台式	Ⅰ类
				≥2		Ⅱ类
8		闪点	绝缘油闭口闪点测定仪	≥3	台式	Ⅰ类
				≥2		Ⅱ类

续表

序号	检测能力	试验设备	所需数量	便携式/台式	实验室
9	色谱	变压器油气相色谱分析仪	≥3	台式	Ⅰ类
			≥2		Ⅱ类
10	含气量		≥1	台式	试点
11	糠醛	高效液相色谱仪	≥1	台式	试点
12	结构族	傅里叶红外光谱仪	≥1	台式	试点
13	界面张力	界面张力仪	≥1	台式	试点
14	凝点、倾点和低温流动性	倾点、凝点测定仪	≥1	台式	试点
15	粘度、粘温性和粘度系数	运动粘度测试仪	≥1	台式	试点
16	油泥析出	油泥析出测定仪	≥1	台式	试点
17	湿度	SF_6气体露点仪或三合一仪器	≥3	便携式	Ⅰ类
			≥2		Ⅱ类
18	纯度	SF_6气体纯度测试仪或三合一仪器	≥3	便携式	Ⅰ类
			≥2		Ⅱ类
19	分解产物	SF_6分解产物测试仪或三合一仪器	≥3	便携式	Ⅰ类
			≥2		Ⅱ类

注：序号14~16为绝缘油；序号17~19为SF_6。

二、人员要求

油气检测技术人员的工作内容是通过对绝缘油和SF_6气体进行周期性和诊断性试验，做相关的物理、化学等方面的分析，为电力设备的故障诊断和预警提供可靠的依据，以此来降低充油、充气设备出现故障的概率，从而提高设备运行可靠性和增加设备使用寿命。因此，油气检测技术人员必须要有充分的技能和经验，详细了解油气检测的整体试验流程，且具备一定的分析能力。

（一）油气检测实验室组织结构

明确实验室组织架构，有利于更好地开展工作。根据不同地市供电公司管理模式及具体工作情况的差异，制定了两种不同模式的组织结构。各单位可结合自身情况进行选择。

（1）地市公司变电检修室（变电运检中心）配备独立的油气检测实验

室，供电公司主业员工构成实验室主体。实验室业务受市供电公司运检部管理，由省电力科学院进行技术指导，如图2-2所示。

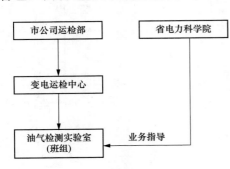

图2-2　实验室组织机构模式

（2）油气检测实验室设置在市公司的集体企业，人员资产受集体企业管理，业务受市公司运检部管理，由省电科院进行技术指导。

（二）人员配置

油气检测实验室应设置主任1人、质量负责人1人、安全负责人1人、技术负责人1人、仪器设备管理员1人、文件资料管理员1人、样品管理员1人、检测员6人及以上，其中各负责人与各管理员可由检测员兼任，并可兼任多职。实验室各岗位学历职称要求见表2-3。

表2-3　　　　　　　　　　　　　　　实验室各岗位学历职称要求

岗位	数量	要求	
实验室主任	1	本科毕业且为工程师或技师及以上	
质量负责人	1	本科毕业或助理工程师或高级技工及以上，可由检测员兼任。其中技术负责人应为化学或相关专业毕业或持有有效的油气检测相关资格证书一年及以上，并从事油气检测相关工作一年及以上	
安全负责人	1		
技术负责人	1		
仪器设备管理员	1		
文件资料管理员	1		
试验样品管理员	1		
试验检测员	≥6	所有人持有有效的油气检测相关资格证书	本科毕业或助理工程师或高级技工及以上

（三）人员检测资质要求

各检测项目检测人员、报告审核者均应持证上岗。应持有资质的第三方培训机构颁发的油气检测培训合格证书，且在有效期内。各类检测项目持证要求见表2-4。

表 2-4　　　　　　　　　　　**各类检测项目持证要求**

项目类型	持证要求
绝缘油分析	绝缘油检测培训合格证、
色谱分析	SF$_6$ 气体检测培训合格证
SF$_6$ 检测	（证书应包含对应项目）

（四）油气检测作业人员职责

油气检测作业人员通用职责包括：①贯彻执行国家技术监督局、有关行业（企业）颁布的油质标准、试验方法、各项规章制度等；②负责新油质量的验收和运行中油质量的试验，根据试验结果研究油质存在的问题，提出处理意见；③建立各种油气监督、运行维护的记录、档案，以掌握油质运行况，积累运行数据，总结油质运行规律。

根据油气检测实验室人员岗位的不同，其相应岗位职责如下：

1. 实验室主任岗位职责

（1）负责贯彻执行国家和行业的有关技术政策法规、技术标准、施工规范和试验规程。对实验室的试验、检测及管理工作全面负责。

（2）负责完成上级下达的各项试验检测任务，提供准确的试验检验数据。

（3）负责编制实验室试验、检测工作计划，对试验、检测质量负责。

（4）负责试验记录、报告、台账的建立，做好试验资料的整理归档工作。

（5）提出实验室人员需求计划，建立实验室人员台账，负责本实验室试验人员的专业知识学习、业务技术培训和思想教育工作。

（6）按照单位相关制度要求，提出本实验室仪器设备的购置、更新、改造及修理和报废计划；组织仪器设备送检和校验。

（7）收集各类试验科技信息，做好新技术、新材料的试验和推广应用工作。

（8）做好实验室危险源和环境因素辨识和评价工作，制定并落实相应的控制措施。

（9）参加本单位的工程质量检查及事故分析会议。

（10）完成上级交办的其他工作。

2. 实验室技术负责人岗位职责

（1）在主任领导下负责实验室的技术管理工作，对全部试验、检测技术负责。

（2）组织贯彻执行招标文件和上级颁发的技术方针政策及有关的规程、规范、标准和技术管理规章制度，组织制定具体措施。

（3）组织实施人员培训计划及业务考核，负责试验技术业务指导。

（4）审核、签发试验检测报告。

（5）掌握本专业检测技术、误差理论、数据处理、质量监督、计量法规等有关知识。

（6）严格执行技术规程、规范，认真、严格地复核原始数据及计算结果。

（7）组织实施人员培训计划及业务考核，负责试验质量业务指导。

3. 实验室质量负责人岗位职责

（1）在主任领导下负责实验室质量管理工作，对全部试验、检测质量负责。

（2）组织实施质量管理办法和有关规章制度并督促检查执行情况。

（3）认真执行质量保证体系，确保试验工作质量。

（4）参加重大质量事故调查和分析。

（5）正确使用各种检测仪器设备，及时填写操作使用记录及维修保养记录。

（6）积极参与新技术、新材料、新工艺的研究试验及推广应用。

4. 实验室检测人员岗位职责

（1）严格执行试验规章制度，认真完成实验室下达的试验检测任务。

（2）严格按照技术标准、试验操作规程及合同要求进行检验和试验。

（3）做好试验检测前的准备工作，正确取样、分样和备料，核对仪器、设备量值和运转情况，判断环境条件是否符合试验检测条件的要求。

（4）严格按照技术要求，实事求是地逐项填写试验检测原始记录，按标准要求正确处理检测数据。对不符合质量要求的原材料、工序，要及时将检测报告送达相关部门，由相关部门进行处置。

（5）对出具的试验记录、报告的正确性负责，试验状态标识清晰，做到数据准确、规范，并按规定程序上报。

（6）严格按操作规程使用仪器设备，做到事前有检查，事后有维护、清理、加油、加罩等，及时填写仪器使用记录。

（7）严格执行安全管理制度，做到文明检验，离开岗位时检查水、电源，防止事故发生，正确处理废液、废水及固体废弃物。

5. 实验室资料员岗位职责

（1）负责收集检测标准、规程及技术图书等，分类登记更新，手续齐全。

（2）负责保管各类检测仪器设备的说明书、使用记录、故障维修记录、计量检定证书记录及其他技术档案。

（3）负责保管试验原始记录和试验报告并分类登记归档。

（4）严格执行保密制度，不经批准不得随意复制散发试验报告，不得随意泄露试验检测数据和结果。

（5）负责检测人员证书、履历等档案管理及检测人员定期培训计划。

6. 实验室设备管理员职责

（1）认真学习并严格执行国家计量法和上级计量部门的有关规定。

（2）负责本实验室仪器设备的具体管理工作，建立仪器设备管理台账。

（3）掌握本实验室仪器设备的技术状况，根据仪器设备的检定结果对其进行标识，并及时建立和修改计量检定台账。

（4）负责本室仪器设备的定期送检和校验。

7. 实验室样品管理员岗位职责

（1）负责来样的外观、封样标记完整检查，并清点规格、数量是否符合要求，核实无误后，在委托试验单上签名，并填写样品入库登记簿。

（2）样品应按规定分类保管，不得使其变质或降低性能，未检、留样应有明显的标志。

（3）留样样品应妥善保管，超过留样期的样品应及时处理并做好记录。

三、实验室环境要求

油气检测实验室设计原则应合理、科学，可提高实验室的工作效率，保障检验质量，降低样品交叉污染概率，提高环境质量。

（一）实验室场地要求

实验室用房应满足检测工作需求，常规级实验室不小于 $100m^2$，拓展级实验室不小于 $140m^2$。实验室主要分为便携式实验设备存放区域、台式设备区域、其他检测区域、试验样品存放区域、废油（气）存放区、办公区域。各区域面积、功能及特殊要求参照表 2-5。

表 2-5　　　　　　　　　　　实验室各区域分布情况

区域	预计面积（m²）		功能
	常规级	拓展级	
便携式试验设备存放区域	20	25	存放现场用便携式试验设备，如 SF_6 气体测试仪
台式设备区域	30	50	用于放置油色谱仪、闭口闪点测定仪、微量水分测定仪等
废油（气）存放区域	10	10	存放试验后油（气）及化学试剂
试验样品存放区域	20	25	用于存放试验样品
办公区域	20	30	试验人员办公场地
合计面积	100	140	—

（二）环境技术要求

（1）油气检测实验室存放色谱仪以及电子天平、油耐压仪、界面张力仪等精密仪器仪表，要求通风良好，并有防尘、防潮、防静电措施。

（2）油质理化常规试验试验室应设有两个专用通风橱，试验室要确保通风良好。

（3）为保证实验室的温度和湿度，应装设冷暖空调设备。油气检测实验室的环境要求如下：①环境温度：$20\pm2℃$；②相对湿度：$45\%\sim75\%$；③大气压力：$86\sim106kPa$。

（4）油气检测实验室的照明要按相关照明标准设计。

（5）为了保证油气检测实验室的安全，应有消防设施的配置。

（6）实验室的墙壁、天花板应为哑光白色或乳白色，表面平整。地板可根据试验室装备选取主色调，以防水、防火材料为宜，地面应平整，并装置地漏，能使水等流动液体顺利排出。

（7）实验室装备一般要求采用标准试验工作台，试验台应具备耐化学腐蚀性能、台面稳固、宽大。实验室中还应该适当配备试剂架、试剂柜、椅子等设施。

（三）电源配置与接地

（1）油气检测实验室宜配置 220V 和 380V 交流电源，交流电源容量不小于 10kVA。

（2）油气检测实验室应设置公共接地设施，装设专用接地线，满足试验仪器的接地要求。

四、实验室安全要求

实验室安全管理条例和规章制度基本覆盖各安全领域，组成安全管理体系的基本制度框架。在实验室安全管理规章制度总则的框架下，出台具体的相关安全规章和条例，基本涵盖各实验室安全领域：

（1）防火安全。防火安全包括火警的呼叫、火警系统的例行检查及维护、消防演习的规定、火灾安全评估等。

（2）设备安全。设备安全包括工作设备的使用和防护条例、人身安全防护设备管理规定、仪器及设备的无人值班操作规程、电气设备的使用安全等。

（3）化学品安全。化学品安全包括罐装气体安全、通风橱的管理规定、液氮的安全管理、易燃液体的储存、威胁健康危险物品的控制、易制毒化学品的管制、气体安全、危险废弃物的处理等。

（4）常规安全。常规安全包括滑倒、失足及坠落的预防，工作场所安全管理条例，工作噪声的管理规定，野外工作的安全管理等。

（5）意外的防护。意外的防护包括紧急救护的管理规定、眼睛的防护、意外事故的汇报程序、火灾及水灾意外防护计划等。

为保证安全规章制度能有效地执行，应实行安全责任到人，制定相关的安全评估程序、监督和检查制度，并对人员定期进行相关安全培训。

（1）安全责任到人。实验室主任对实验室安全工作全面负责。专职安全员在实验室安全工作中扮演着重要角色：需确保实验室安全条例的定期修订和更新；监督实验室人员及相关人员对所辖领域做出安全风险评估；负责安全检查；随时检查工作场所是否存在安全隐患；如存在隐患，则需提出相应整改方案；对实验人员给予安全指导；协助安排安全培训；检查安全政策执行是否有效；保证意外事故报告及时送达实验室安全管理办公室。

除专职安全员外，其他相关安全责任人需对专业内从事工作的人、工作环境、工程程序、工作行为等安全进行评估和监督，如存在安全隐患，则需从各专业角度提出实验室安全整改方案。

（2）实验室安全风险评估。

风险评估是检查在实验过程中是否存在可能对人身造成伤害的可能性。确认之后，评估者需要对风险做出评价，然后决定应采用何种方法规避风险。

在安全风险评估中，由于火灾安全评估涉及面广，评估相对更为具体，对发现火灾隐患、火灾会影响到的人、火警体系、消防设备的安装、消防通道、应急灯的安装、防火安全标识、消防设施的检查和维护、消防培训和消防演习等均应制定出相应的评估表格。

（3）实验室常规及特殊安全培训。

各类的规章和制度注重用文字性条例来达到规避安全事故的目的。各类安全培训则更具可操作性，尤其是通过各种具体行为的强化培训来培养受训者的安全意识和安全习惯，是安全防护在先的一个重要体现。培训应设定在数天到一周之间，视具体培训要求而定，其内容会根据实际情况不断调整，与相关安全管理文件匹配。安全培训的涵盖面要广，注重实践性和细节。

第三节　认可原则、流程及要求

保证准确、可靠、及时地出具检验报告和校准证书，是实验室管理的核心内容，也是实验室得到广泛信任的必要条件。实验室认可是由中国合格评定国家认可委员会对该实验室由能力进行规定类型的检测所给予的一种正式承认。目前，实验室认可已经成为社会各类实验室对外证明其能力的最重要的途径。

一、实验室认可概述

实验室认可是对实验室从事特定检测或校准能力进行评价和承认的程序，一般从技术能力和管理能力两个方面评价。实验室认可的目的是提高实验室的质量管理和技术水平，降低出现质量风险的可能性，提高外界对实验室的认知度和信任度，实现检测数据的多边互认。

实验室认可的原则：

（1）实验室认可采取自愿性、无歧视性、专家评审和国家认可的原则。

（2）实验室认可的对象包含了生产企业实验室在内的第一方、第二方和第三方实验室。

（3）实验室认可的依据是 CNAS-CL01：2018《检测和校准实验室能力认可准则》（等同于 ISO/IEC 17025—2005）。

CNAS-CL01：2018《检测和校准实验室能力认可准则》包含了实验室能够证明其运作能力并出具有效结果所必须满足的要求。该准则要求实验室策划并采取措施应对风险和机遇。应对风险和机遇是提升管理体系有效性、取得改进效果以及预防负面影响的基础，实验室有责任确定要应对哪些风险和机遇。申请认可的实验室应同时满足该准则以及相应领域的应用说明。

二、实验室认可流程

实验室认可流程如图 2-3。

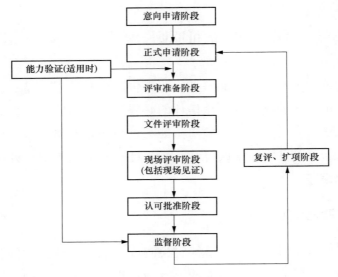

图 2-3　实验室认可流程

三、实验室认可通用要求

（1）实验室应公正地实施实验室活动，并从组织结构和管理上保证公正性。

（2）实验室管理层应做出公正性承诺。

（3）实验室应对实验室活动的公正性负责，不允许商业、财务或其他方面的压力损害公正性。

（4）实验室应持续识别影响公正性的风险。这些风险应包括其活动、实验室的各种关系或者实验室人员的关系而引发的风险，这些关系并非一定会对实验室的公正性产生风险。

（5）如果识别出公正性风险，实验室应能够证明如何消除或最大程度降低这种风险。

（6）实验室应通过做出具有法律效力的承诺，对在实验室活动中获得或产生的所有信息承担管理责任。实验室应将其准备公开的信息事先通知客户。除客户公开的信息或实验室与客户有约定（例如为回应投诉的目的），其他所有信息都被视为专有信息，应予保密。

（7）实验室依据法律要求或合同授权透露保密信息时，应将所提供的信息通知到相关客户或个人，除非法律禁止。

（8）实验室从客户以外渠道（如投诉人、监管机构）获取有关客户的信息时，应在客户和实验室间保密。除信息的提供方同意以外，实验室应为信息提供方（来源）保密，且不应告知客户。

（9）委员会委员、合同方、外部机构人员或代表实验室的个人应对在实施实验室活动过程中获得或产生的所有信息保密，法律要求除外。

第三章
绝缘油检测
设备及维护

第一节 绝缘油检测设备

一、气相色谱仪

（一）气相色谱简介

气相色谱分析法是一种高效能的物理分离技术。气相色谱仪是利用色谱分离技术和检测技术，对多组分的复杂混合物进行定性和定量分析的仪器。气相色谱仪通常可用于分析土壤中热稳定且沸点不超过 500℃ 的有机物，如挥发性有机物、有机氯、有机磷、多环芳烃、酞酸酯等。在石油化工领域，气相色谱仪主要用于炼厂气分析、天然气分析等。

按流动相物理状态，可分为气相色谱仪、液相色谱仪。

绝缘油中溶解气体气相色谱检测参照 GB/T 17623《绝缘油中溶解气体组分含量的气相色谱测定法》、DL/T 722《变压器油中溶解气体分析和判断导则》、DL/T 703《绝缘油中含气量的气相色谱测定法》的规定。

（二）气相色谱检测原理

1. 气相色谱仪的基本原理

气相色谱仪以气体作为流动相（载气）。当样品由微量注射器"注射"进入进样器后，被载气携带进入填充柱或毛细管色谱柱。由于样品中各组分在色谱柱中的流动相（气相）和固定相（液相或固相）间分配或吸附系数的差异，它们受到的黏滞阻力就会不同。在载气的冲洗下，受到黏滞阻力大的，流出较慢；受到黏滞阻力小的，流出较快。当流经一定柱长后，混合物中各组分得到分离。各组分在两相间反复多次分配，使各组分在柱中分离，然后用接在柱后的检测器根据组分的物理化学特性将各组分按顺序检测出来，其工作原理示意图如图 3-1 所示。

检测器对每个组分所给出的信号，在记录仪上表现为一个个的峰，称为色谱峰。色谱峰上的极大值是定性分析的依据，而色谱峰所包含的面积则取决于对应组分的含量，故峰面积是定量分析的依据。一个混合物样品注入后，由记录仪记录得到的曲线称为色谱图，如图 3-2 所示。分析色谱图就可以得到定性分析和定量分析结果。

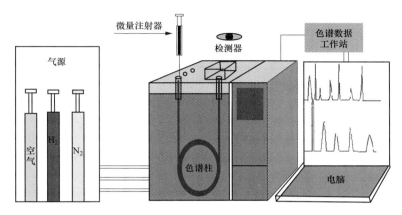

图 3-1　气相色谱仪工作原理示意图

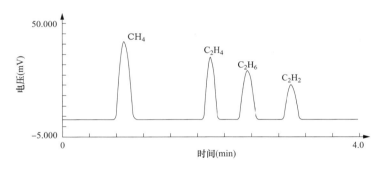

图 3-2　气相色谱图（烃类气体）

2. 色谱相关基本术语

（1）色谱图：被分析样品从进样开始经色谱分离到各个组分全部流过检测器后，在此期间所记录的信号随时间而分布的图像称为色谱图。

（2）基流：只有纯载气经过检测器时，检测器输出信号。基流的大小称为基流值。工作站中基流值单位为 mV。

（3）基线：只有纯载气流经检测器时，所得到的信号与时间曲线。

（4）峰高：峰最高点至峰底的垂直距离。

（5）峰面积：在色谱图中水平基准线以上部分的总面积。峰面积表示

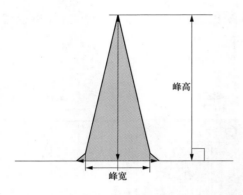

图 3-3　烃类气体色谱图色谱峰示例

组分色谱峰出现最大值时的时间。

待测物的含量，面积越大，含量越高，如图 3-3 所示。

（6）噪声：基线的振幅包络线的宽度。

（7）漂移：通常用半小时内的基线的最大偏离量（一般取 0～30min 基线对应的纵坐标差值）来衡量，如图 3-4 所示。

（8）保留时间：从样品注入某

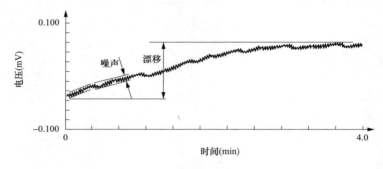

图 3-4　烃类气体色谱图色谱漂移、噪声示例

（三）气相色谱检测仪

1. 气相色谱仪构成

以国内油气检测实验室常见的 ZF301 系列气相色谱仪为例，仪器组成主要包括气路控制系统、进样系统、色谱柱和柱箱、检测器、温度控制系统和色谱分析工作站等组成，其示意图如图 3-5。

色谱基本分析流程：来自高压气瓶的载气（N_2、Ar 等）首先进入气路控制系统，然后通过稳压阀和气阻阀件将载气压力流量调节到实验所需压力流量，通过进样装置把样品带入色谱柱中，经色谱柱分离后的各个组分依次进入相应检测器，检测器根据不同样品组分的物理化学性质的不同，将相应的浓度信息转化成电信号，同时检测电路把所检测到的电信号送至

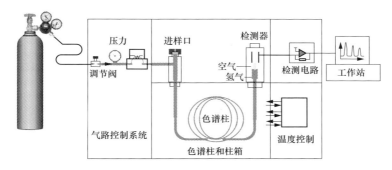

图 3-5　气相色谱流程示意图

色谱工作站中，记录各组分的色谱峰形成色谱图。

（1）气路控制系统。气路控制系统的主要作用是为保证进样系统、色谱柱系统和检测器的正常工作提供稳定的载气流量，同时为有关检测器正常工作提供必需的燃气、助燃气等辅助气体。气路控制系统的好坏将直接影响仪器的分离效率、灵敏度和稳定性以及定性、定量的准确性。气路控制系统主要由开关阀、稳压阀、针型阀、压力传感器、智能电子质量流量控制器等部件组成。

1）稳压阀。稳压阀又称压力调节器。它是一种气动式控制器，无需外界供给能源，靠工作介质本身的能量进行工作。工作时，当前一级输入压力波动时，保证输出压力稳定。稳压阀结构如图 3-6 所示。

2）针型阀。针型阀实质上是一个手动调节可变气阻，其工作原理是靠细纹旋转使阀针沿轴向前后移动，改变阀针与阀座间的环形流通面积（气阻）来改变气阻大小，阀针和阀座通孔之间有一定的孔隙，孔隙的大小可以通过阀针和阀座的相对位置来进行调节。针型阀结构如图 3-7 所示。

3）气阻。气阻是一种使气体流通截面突然变小的气路组件，当气体流过时，气体分子和管壁、分子之间相互碰撞摩擦消耗很大的能量从而表现出阻力作用。

（2）进样口。进样口与进样针管和色谱柱相配合，样品气从进样口上部注入，与载气混合，从进样口下部进入色谱柱。

（3）色谱柱和柱箱。

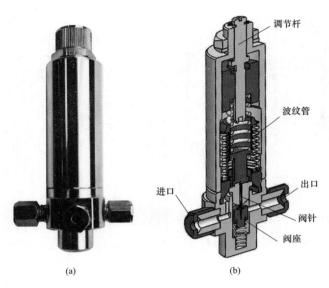

（a）　　　　　　　　　　（b）

图 3-6　稳压阀

（a）稳压阀外观；（b）稳压阀结构示意图

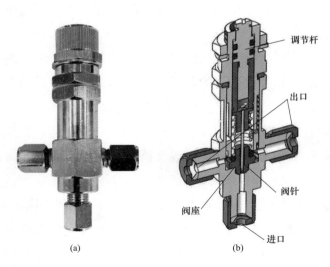

（a）　　　　　　　　　　（b）

图 3-7　针型阀

（a）针型阀外观；（b）针型阀结构示意图

1）色谱柱。色谱柱是色谱分析的关键部分，其主要作用是分离混合物样品。中分 ZF-301 系列色谱仪采用复合担体（也称作载体）材料填充柱，能够很好地分离变压器油色谱分析中的各个组分，并且具有良好的抗污染特性。

2）柱箱是安装和容纳色谱柱的精密控温的炉箱，中分 ZF-301 系列气相色谱仪的柱箱具有容积大、升温快、温度均匀的特点，柱箱加热丝功率为 1000W，采用直流风机搅拌。柱箱加热器应用了高绝缘强度的高频陶瓷，耐高温、高压，安全可靠，柱箱控温采用高速微处理器和先进的控温程序，保证了控温精度。图 3-8 为气相色谱仪传统柱箱示意图。

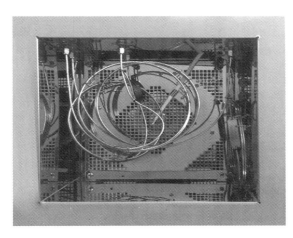

图 3-8　气相色谱仪传统柱箱示意图

（4）检测器。检测器是气相色谱仪的心脏部件，它的功能是把随载气流出色谱柱的各种组分进行非电量转换，将组分转变为电信号，再用工作站对电信号进行记录，以便进行下一步分析处理。检测器的性能直接影响仪器的整体性能，主要表现在影响稳定性和灵敏度，中分 ZF-301 系列色谱仪配备了氢焰检测器和热导检测器，可以根据客户不同的需要进行不同配置组合，以便实现不同的功能。

1）热导检测器。图 3-9 为气相色谱仪热导原理示意图。热导检测器（Thermal Conducitivity Detector，TCD）是基于气体热传导原理，用热电阻式传感器组成的一种检测装置。热导检测器热电阻是采用铼钨丝材料制成的热导元件，装在不锈钢池体的气室中，在电路上连接成典型的惠斯通电桥电路。当热导池气室中的载气流量稳定，热导池池体温度恒定时，铼钨丝热电阻消耗电能所产生的热量与各种因素散失的热达到动态平衡，从而由铼钨丝热电阻组成的电桥电路就处于平衡状态。当有样品进入时，由于样品热导率的不同，打破热导池中的热动态平衡，引起铼钨丝热电阻温度发生变化，铼钨丝热电阻的阻值也随之变化，这样就打破了惠斯通电桥的平衡，产生一个电压信号，其大小即可反映组分的浓度。

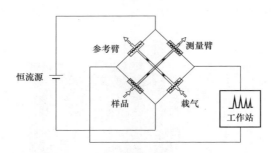

图 3-9　热导原理示意图

2）氢火焰离子化检测器。氢火焰离子化检测器（Flame Ionization Detector，FID）简称氢焰检测器，其工作原理如图 3-10 所示。氢焰检测器以氢气与空气中的氧气燃烧生成的火焰为能源，当有机物进入火焰时，在火焰的高能作用下，被激发产生离子。在火焰的上、下部有一对电极（上部是收集极，下部是极化极），两电极间施加一定电压（直流 200V 左右），有机物在氢火焰中被激发产生的离子在极间直流电场的作用下做定向移动。上述粒子在电场中的定向移动形成了一种微弱电流，流经高电阻（$10^7 \sim 10^{10}\Omega$）从而在电阻上产生电压信号，再经过微电流放大器放大并经过模数转换后成为数字信号，传输至电脑中。气相色谱分析软件对该电压信号进行分析处理，得到最终的分析结果。

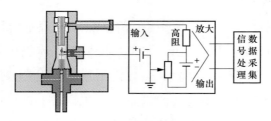

图 3-10　氢火焰离子化检测器原理图

（5）转化炉（甲烷转化装置）。为检测低浓度的 CO 和 CO_2，中分 301 气相色谱仪配置了镍触媒甲烷化转化装置（以下简称转化炉，如图 3-11 所示）。CO 和 CO_2 在高温（320~360℃）和镍催化的条件下与过量氢气发生反应，生成甲烷，由高灵敏度的氢焰检测器检测。

图 3-11　转化炉

（6）温度控制系统。温度是气相色谱技术中十分重要的参数，必须对色谱柱和检测器进行精密温度控制，ZF-301 系列色谱仪温度控制系统中采用铂电阻作为感温元件；柱箱采用电炉丝作为加热元件，检测器中采用内热式电热管作为加热元件，温控的执行元件采用固态继电器。此外，还有高速的微处理器和先进的控温算法保证系统各部件的控温精度能到达到±0.1℃。

（7）色谱分析工作站。气相色谱仪采用数字信号输出，通过运行在计算机上的色谱工作站软件实现虚拟仪器控制，谱图采集、色谱峰自动识别、色谱数据处理、分析诊断和设备台账管理等一系列功能。气相色谱仪工作站界面示意图如图 3-12 所示。

2. 气相色谱仪常见类型

（1）ZF-301 系列色谱分析仪。ZF-301 系列主要分为 ZF-301A、ZF-301B 等型号。

ZF-301A 型气相色谱仪主要用于测量变压器油中溶解气体含量，可测量油中 H_2、CO、CO_2、CH_4、C_2H_4、C_2H_6、C_2H_2 七种成分。

ZF-301B 多功能型气相色谱仪如图 3-13 所示。该色谱分析仪不仅能测量变压器油中溶解气体含量，还能测量变压器油中含气量。

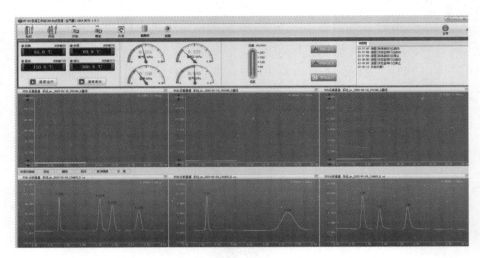

图 3-12　气相色谱仪工作站界面示意图

除了常见的 ZF-301 系列外，实验室常用气相色谱还有 ZF-301Q 全自动色谱仪（如图 3-14 所示）、ZF-2000PLUS 便携式色谱仪，适用于不同的实验场景。

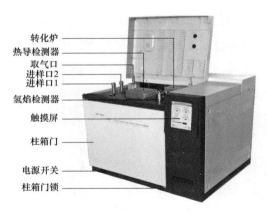

转化炉
热导检测器
取气口
进样口2
进样口1
氢焰检测器
触摸屏
柱箱门
电源开关
柱箱门锁

图 3-13　ZF-301B 多功能型气相色谱仪

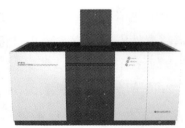

图 3-14　ZF-301Q 全自动气相色谱仪

ZF-301 系列气相色谱仪技术指标：

1）灵敏度与检测限。

热导检测器：灵敏度 $S \geqslant 2000\text{mV} \cdot \text{mL/mg}$（$CH_4$）

氢焰检测器：检测限 $D < 5 \times 10^{-11}$ g/s（CH_4）

2）稳定性。

热导基线漂移：$\leqslant 0.20$ mV/30min

热导基线噪声：$\leqslant 30 \mu V$

氢焰基线漂移：$\leqslant 1 \times 10^{-12}$ A/30min

氢焰基线噪声：$\leqslant 5 \times 10^{-13}$ A

3）油中最小检测浓度。ZF-301 气相色谱仪检测组分最小浓度见表 3-1。

表 3-1　　　　　　ZF-301 气相色谱仪检测组分最小浓度（μL/L）

组分	H_2	CO	CO_2	O_2	N_2	CH_4	C_2H_4	C_2H_6	C_2H_2
最小检测浓度	2	1	5	10	20	0.06	0.06	0.06	0.06

注　O_2、N_2 仅含气量分析机型检测。

（2）ZF-301Q 全自动色谱仪。与 ZF-301 系列色谱仪相比，ZF-301Q 全自动色谱仪实现了通过工作站的控制进行标气自动进样、注射器加平衡气、注射器脱气、样品气自动进样四个主要工作流程。其结构的不同提升了相对优越性，自动进样避免了部分因操作员个体差异导致的人为数据误差，数据精准度相对高，脱气室一次能承载 15 个样品，提高了工作效率。

仪器特性：

1）仪器采用自主研发的自动进样系统，可精准实现自动加平衡气、自动进样等操作，极大地避免了人工操作的误差。

2）创新的智能识别系统。仪器配置一个高分辨率的摄像头，在设备运行流程中可实时对运行过程进行观测，识别样品瓶位置、编号、脱气量。

3）自动脱气系统。自动脱气装置如图 3-15 所示，由伺服电机、脱气盘及控制器等部件构成，主要功能是定位运转及脱气运转。在进行加平衡气和自动进样操作时，伺服电机带动脱气盘慢速运

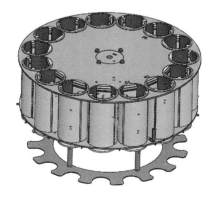

图 3-15　自动脱气装置示意图

转一周，进行定位识别；在进入脱气状态后伺服电机会在高速下以一定的频率进行正反转的切换，使脱气盘中的油样可进行剧烈的振荡，从而达到脱气目的。

4）专用注射器。每台色谱仪都配备了一定数量的针管式样品瓶，如图 3-16 所示。瓶体采用优质高硼硅水晶玻璃管材加工，透明度极高，耐磨损，表面光滑，清洗容易，膨胀系数小，不易炸裂。

图 3-16　专用注射器示意图

5）注射器定位防护套。注射器定位防护套如图 3-17 所示。防护套可以在注射器脱气过程中起到很好的缓冲防磨作用，在结构上设计有定位槽、注射器卡紧结构以及导向结构等。橡胶套耐油、耐磨，长时间使用不撕裂、不发涨、不褪色，方便放置和取出注射器，并可对注射器进行有效固定和定位。

图 3-17　注射器定位防护套示意图

ZF-301Q 全自动色谱仪的技术指标如下：

① 温度控制。脱气温控精度：$\pm 0.3℃$，其他温控模块 $\pm 0.1℃$。

② 灵敏度与检测限。

a. 热导检测器：灵敏度 $S \geqslant 2000 mV \cdot mL/mg$（$CH_4$）。

b. 氢火焰离子化检测器：检测限 $D < 5 \times 10^{-11} g/s$（$CH_4$）。

③ 稳定性。

a. 热导基线漂移：$\leqslant 0.3 mV/30min$。

b. 热导基线噪声：$\leqslant 20\mu\mathrm{V}$。

c. 氢焰基线漂移：$\leqslant 1\times 10^{-12}\,\mathrm{A}/30\mathrm{min}$。

d. 氢焰基线噪声：$\leqslant 5\times 10^{-13}\,\mathrm{A}$。

（3）ZF-2000Plus 便携式全自动气相色谱仪。ZF-2000Plus 便携式全自动气相色谱仪如图 3-18 所示。该色谱仪主要用于变电站现场变压器油色谱分析，对现场突发性故障检测具有极大的实用价值。该型气相色谱仪系统包括气源模块、全自动脱气模块、色谱分析模块、自动控制模块、专用工作站等，可实现现场快速分析，具有直接注油、快速分析、检测精度高、操作简单等特点，即使非专业人员也可快速掌握其使用方法。

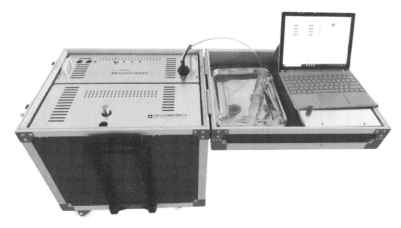

图 3-18　ZF-2000Plus 便携式全自动气相色谱仪

技术指标：

1）温控精度：$\pm 0.1℃$。

2）油中气体最小检测浓度：烃类 $0.1\mu\mathrm{L/L}$、H_2 $2\mu\mathrm{L/L}$、CO $5\mu\mathrm{L/L}$、CO_2 $10\mu\mathrm{L/L}$。

仪器特性：

1）直接注油、全自动操作。系统具有自动的智能化操作程序，直接注入油样后，系统自动完成从脱气、进样到气体含量检测的整个过程，无论在现场还是实验室都可快速、准确地获得准确可靠的测量结果。

2）小型模块化设计。检测器、色谱柱箱及转化炉采用模块式独特微结构设计，实现了小型化、集约化，体积小、质量轻，方便携带。

3）一机多用。既可用于变电站现场色谱分析又可用于实验室色谱分析，大大提高了仪器的使用效率。

4）防样品交叉干扰。该系统运用多维技术工作原理，利用程序控制的反吹功能，每次进样前自动对整个油路和气路冲洗，从根本上解决了油样间交叉干扰的问题，保证了试验的准确性。

3．实验室环境要求

（1）避免将仪器暴露在腐蚀性物质（可能是气体、液体或固体）中，否则可能会损坏仪器零部件，降低仪器的使用寿命。

（2）实验室应装有排风扇或其他保持空气流通的设备，以便保证室内空气的流通。

（3）气相色谱仪器周围不能有微波炉、无线发射天线、电视天线等有可能发生强电磁辐射的装置。

（4）气相色谱仪器周围不能存在较大机械振动，如脱气振荡仪应与色谱仪远离放置。

（5）避免仪器受阳光直射或处于风口位置（如空调出风口）。

（6）室内不能有明火。

（7）ZF-301系列色谱仪适用的最佳温度和相对湿度分别为 $15\sim25℃$ 和 $50\%\sim60\%$。

（8）电源要求：

1）电源电压：220（1＋10%）V。频率：50（1±1%）Hz。功率：5kW（瞬间最大功率）。

2）仪器供电电源插座的接线应和仪器电源插头的电压保持一致。

3）采用专用的电源插座，不与其他大功率的设备共用，以降低干扰。

二、油中含气量分析

（一）油中含气量简介

绝缘油中溶解的气体在高场强作用下会发生电离，当温度和压力骤然下降时会形成气泡甚至形成气道，极易发生气体碰撞电离，造成击穿，危及设备安全运行。因此，必须严格控制超高压设备的油中的气体含量。

绝缘油中含气量为油中所有溶解气体含量的总和，用体积百分数表示。测定油中含气量对于评定油本身的质量和适用性意义不大。高压电气设备一般都要求装入设备中的油品应有较低的含气量，以减少气隙放电和延缓油质劣化的可能。油中的含气量与电气设备的密封性能和油的净化设备的脱气能力也有较大的关系。

绝缘油中含气量可按真空差压法或绝缘油中含气量的气相色谱测定法进行测定，此外还有 CO_2 洗脱法和真空脱气法。

（二）油中气体含量测试原理

1. 真空差压法

真空差压法原理是使被试油暴露在真空脱气室内，此时溶于油中的气体因压强降低而释放出来，根据试油的体积测定温度，释放出气体所产生压强的大小，通过计算求出气体含量。油中含气量以标准状况气体对试油的体积百分比表示被测油样中的含气量。

2. 真空脱气法

真空脱气法是采用真空泵造成脱气缸内达到高真空度，油脱气后用饱和食盐水作为补偿负压空间的介质，以使脱出气体恢复正常取出，气体含量以体积分数表示。如果脱气时能保证高真空度和良好的密封性，其重复性和再现性尚好，否则精度不高。

3. CO_2 洗脱法

CO_2 洗脱法是将高纯度的 CO_2 气体以极其分散的形式通过一定体积的试油，将其中溶解的气体洗脱出来，并与 CO_2 同时通过装有氢氧化钾溶液的吸收管，使 CO_2 被氢氧化钾溶液吸收。未被吸收的非酸性气体进入有精确刻度的量气管里，从而读出气体的体积数，并以体积分数表示。

4. 气相色谱法

气相色谱法测定油中含气量原理是：按 GB/T 7597 要求，采集充油电气设备中的油样，用振荡法脱出油样中的溶解气体，然后用气相色谱仪分离、检测各气体组分浓度，最后把油中各气体组分含量相加得到油中含气量。

变压器油中含气量气相色谱法参照 DL/T 703《绝缘油中含气量的气相色谱测定法》和 GB/T 17623《绝缘油中溶解气体组分含量的气相色谱测定法》的规定执行。

（三）油中含气量检测仪

ZF-301B 型气相色谱仪是实验室中常见的气相色谱法含气量分析仪器，该仪器也可用于变压器油中 CH_4、C_2H_4、C_2H_6、C_2H_2、H_2、CO、CO_2 七种特征气体组分的分析。ZF-301B 型气相色谱仪与 ZF-301A 型结构不同在于增加了一根 3 号色谱柱。3 号色谱柱可以分离 H_2、O_2、N_2 三种特征气体组分，进而进行油中含气量的分析。此外，ZF-301A 型气相色谱仪与 ZF-301B 型气相色谱仪相比，少了进样口 2 号柱和 3 号柱，3 号柱的位置用 6 号平衡柱替换。图 3-19 和图 3-20 分别给出 ZF-301B 型气相色谱仪色谱柱和气路流程示意图。

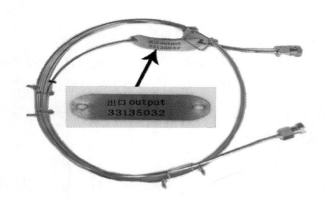

图 3-19　ZF-301B 型气相色谱仪色谱柱

仪器的原理构造、性能特点、注意事项可参考本章第一节第一部分"气相色谱仪"。

（1）含气量的计算方法：按下式计算油中气体的浓度（一般计 O_2、N_2、CO、CO_2）：

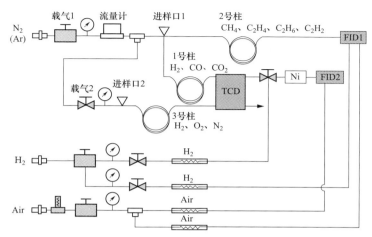

图 3-20　ZF-301B 型气相色谱仪气路流程示意图

$$X_i = 0.929 \times \frac{P}{101.3} \times C_{is} \times \frac{\overline{A_i}}{\overline{A_{is}}} \times \left(K_i + \frac{V'_g}{V'_l} \right) \times \frac{V_{is}}{V_i}$$

式中　X_i——101.3kPa 和 293K（20℃）时，油中溶解气体 i 组分浓度，μL/L；

C_{is}——标准气中 i 组分浓度，μL/L；

$\overline{A_i}$——样品气中 i 组分的平均峰面积，mV·s；

$\overline{A_{is}}$——标准气中 i 组分的平均峰面积，mV·s；

V'_g——50℃、试验压力下平衡气体体积，mL；

V'_l——50℃时的油样体积，mL；

P——试验时的大气压力，kPa；

0.929——油样中溶解气体浓度从 50℃校正到 20℃时的温度校正系数。

计算方法详见 GB/T 17623—2017《绝缘油中溶解气体组分含量的气相色谱测定法》。

（2）含气量分析的注意值及分析周期。根据 GB/T 14542《变压器油维护管理导则》规定，330kV 及以上充油电气设备中的绝缘油应进行油中含气量测定。该导则规定了 330kV 及以上变压器绝缘油的含气量注意值，即变压器投运前油含气量≤1%；运行中的电压等级为 750～1000kV 的变压器油中含气量≤2%、330～500kV 变压器油中的设备含气量≤3%，高压电抗器含气量≤5%。

三、酸值测试仪

（一）酸值测试仪简介

酸值是判断油品能否继续使用的重要指标之一。它表示油中含有酸性物质的数量，是有机酸和无机酸的总和。

在通常情况下，新油中没有无机酸存在，除非因操作不善或精制、清洗不完全导致无机酸残留在油中。因此，油的酸值实际上代表油中的有机酸（即含有 R-COOH 基团的化合物，其 R 可为环烷酸或脂肪酸）。电力系统用油在运行中，由于受运行条件（如温度、空气、电场等）的影响，而使油质氧化生成酸性物质，如低分子的甲酸、乙酸、丙酸等，高分子的如脂肪酸、环烷酸、羟基酸等。所以，运行油的酸值多为有机酸，它是油中低分子有机酸和高分子有机酸的总和。

酸度试验用于估算变压器绝缘液的总酸值。随着酸值的增加（通常是由于油的氧化），油的绝缘质量下降。一般来说，酸性副产物会增加介质损耗、增加腐蚀性，并可能导致热困难，这归因于称为"污泥"的不溶性成分。

酸值测试仪为检测电力用绝缘油酸值的一类仪器，它采用高精密光电一体化设计，可准确检测变压器油、汽轮机油、抗燃油等石油产品的酸值，可广泛应用于电力、石油、化工等行业。

酸值检测方法参照 GB/T 7599《运行中变压器油、汽轮机油酸值测定法（BTB法）》、GB/T 28552《变压器油、汽轮机油酸值测定法（BTB法）》。

（二）酸值测试仪检测原理

测定绝缘油酸值是采用沸腾乙醇抽出油样中的酸性组分，用氢氧化钾乙醇溶液进行滴定，确定中和1g试油酸性组分所需的氢氧化钾毫克数。以 mgKOH/g 表示油品酸值。

试验前，需要配制和标定所需的六种溶液：中和液（乙醇—氢氧化钾溶液）、标准酸、指示剂（BTB）、洗气液（KOH 水溶液）、BTB 水溶液、混合液。试验步骤如下：

（1）用锥形瓶称取试油 8～10g（准确至 0.01g）。

（2）量取无水乙醇 50mL，倒入有试油的锥形瓶中，装上回流冷凝器，于 80～90℃ 的水浴在不断摇动下回流 5min，取下锥形瓶加入 0.2mL BTB 指示剂，趁热用氢氧化钾乙醇标准溶液滴定至溶液由黄色变成绿色，记下消耗的氢氧化钾乙醇溶液的毫升数。

（3）取无水乙醇 50mL 按步骤（2）进行空白试验。

（4）按下式计算试油的酸值 X，即

$$X = \frac{(V_1 - V_0) \times 56.1 \times C}{G}$$

式中　X——试油的酸值，mgKOH/g；

　　　　V_1——滴定试油所消耗的氢氧化钾乙醇溶液的体积，mL；

　　　　V_0——滴定空白所消耗的氢氧化钾乙醇溶液的体积，mL；

　　　　C——氢氧化钾乙醇标准溶液的浓度，mol/L；

　　56.1——氢氧化钾摩尔质量，g/mL；

　　　　G——试油的质量，g。

（三）酸值测试仪

1. 酸值测试仪的构成

全自动酸值测试仪如图 3-21 所示。其一般组成主要包括管路控制系统、颜色检测、数据分析等。酸值测试流程：通过仪器标定用标准酸对中和液进行标定，确定中和液的浓度（在自然状态下标准酸的稳定性要远远高于中和液的稳定性，所以在仪器使用前、更换中和液后需用标准酸对中和液进行标定），并将中和液滴数储存到存储器中。检测油样时先将 10mL 待测油样注入反

图 3-21　全自动酸值测试仪

应杯中，将反应杯放入样品盘任意位置，仪器自动完成抽取萃取液，中和滴定，最后将中和液滴定数存入储存器，然后经过 CPU 计算得出待测油样的酸值。

酸值测试仪自动扣除乙醇本底值和指示剂本底值，结果更准确。仪器备有标定仪器用标准酸和标定程序，检测人员可随时对仪器和中和液进行标定，克服了中和液使用中浓度发生变化的缺陷，提高了测试结果的可靠性；无需人工称量，只需将试样放置在试样杯内，仪器便自动进行进样、加热回流、测定、排出废液等操作。

（1）管路控制系统。其主要作用是通过蠕动泵及电磁阀的配合使管路里产生正压或负压，以此来实现自动抽加液、自动滴定。

1）蠕动泵。蠕动泵是通过对泵的弹性输送软管交替进行挤压和释放来泵送流体。就像用两根手指夹挤软管一样，随着手指的移动，管内形成负压，液体随之流动。

2）电磁阀。电磁阀是用电磁控制的工业设备，是用来控制流体的自动化基础元件。

（2）颜色检测系统。JKCS 系列酸值测定仪采用可编程彩色光频转换器，利用硅光电二极管来测量光强，具有响应快、重复性和稳定性好的特点。与管路控制系统配合滴定能够迅速判断出终点颜色，提高了对终点颜色判定的统一性及准确性。

（3）数据分析。JKCS 系列酸值测定仪通过 AD、DA 转换将油样重量，中和液的滴定数、空白滴定数计入存储器，CPU 调取存储器中的数据进行计算得出结果。

酸值测试仪需与回流冷却水系统配合使用。测试仪由升降系统、进样系统、称重系统、温度控制系统和颜色检测系统等组成。

酸值测试仪的测试流程：①油样自动称量；②指示剂酒精注入；③升温到 80℃；④回流 5min；⑤对酒精进行空白滴定；⑥油样注入；⑦升温到 80℃；⑧回流 5min；⑨对油样进行酸值滴定；⑩自动排液。

2. 技术指标

测试范围：0.002～1mg KOH/g

测量误差：≤±0.005mg KOH/g

重复性：≤0.005mg KOH/g

四、水溶性酸检测仪

（一）水溶性酸简介

水溶性酸是指绝缘油中能够溶于水的酸，包括无机酸及低分子有机酸。无机酸主要是在矿物绝缘油精炼过程中酸精制后，水洗不彻底而残留在油中的硫酸。低分子有机酸多为油品本身氧化产物，水溶性酸的危害远高于非水溶性酸。GB/T 7595—2017《运行中变压器油质量》规定投运前水溶性酸 pH＞5.4，投运后 pH≥4.2。

（二）检测的基本原理

水溶性酸及碱检测方法有主要由比色法和酸度计法。

1. **比色法**

目前，电力系统水溶性酸含量测定多采用比色法，测试方法是以等体积的蒸馏水和试油加热混合摇动，取其抽出液并加入指示剂，在比色管内与标准色级进行比色，确定结果以 pH 值表示。试验方法参考 GB/T 7598《运行中变压器油汽轮机油水溶性酸测定法（比色法）》。

根据 GB/T 7598 要求，须提前配置溴甲酚紫（pH3.6～5.4）和溴甲酚绿（pH5.6～7.0）两种指示剂。试验时，取 50mL 油品，注入 50mL 去离子水，顺序执行 75℃恒温加热、5min 振荡，静放至室温使油水分离，抽取双份水样、分别加入两种指示剂（溴甲酚绿和溴甲酚紫），不同酸性水样显示不同颜色，用标准色阶对比色差测定水溶性酸结果。水溶性酸检测原理如图 3-22 所示。

随着试验仪器的出现，试验变得相对简单，仪器将标准色阶转化为数字量保存在仪器内部，并将试样的颜色同样转化为数字量，用软件进行识别，从而确定试样的 pH 值。仪器测定数据准确性高，重复性好。

2. **酸度计法**

用酸度计法测定水溶性酸是以等体积的蒸馏水和试油在 70～80℃下混

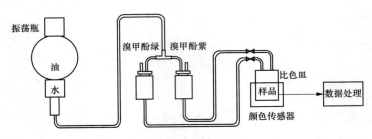

图 3-22　水溶性酸检测原理示意图

合晃动，取其水抽出液用酸度计测定其 pH 值。使用酸度计测定酸值比用比色法测定的结果约高 0.2。

酸度计也称 pH 计，由测量电池和高阻毫伏计两部分组成测量电池是由指示电（玻璃电极）、参比电极（甘汞电极）和被测溶液构成的原电池。参比电极的电极电位不随被测溶液浓度的改变而变化；指示电极对被测溶液中的待测离子很敏感，其电极电位是待测离子浓度（活度）的函数，原电池电动势与待测离子活度之间有对应的关系。原电池将离子浓度转变成测量电池的电动势，通过高阻毫伏计直接显示待测离子的浓度。

电极电位的能斯特方程描述了电极电位与电极本身、温度变和离子浓度间的关系。任意电极上都会发生电极反应：氧化态物质＋ne＝还原态物质。电极电位的能斯特方程为：

$$\varphi = \varphi^{0} + \frac{RT}{nF}\ln\frac{\alpha_{OX}}{\alpha_{Red}}$$

式中　φ——电极的电极点位；

φ^{0}——电极的标准电极点位，参与电极反应的物质都处于标准
　　　状态；

R——通用气体常数，8.314；

T——热力学温度，K；

n——电极反应中得失电子数；

F——法拉第常数，96485；

α_{OX}——氧化态物质的活度；

α_{Red}——还原态物质的活度。

由能斯特方程式可知，在溶液中参与电极反应物质的浓度与电极电位之间存在着一定的关系。因此，通过测量电极电位可以测定被测物质的含量，这种分析方法就是电位分析法。

在电位分析法中，首先需要一支电极电位随待测离子活度不同而变化的电极，该电极称为指示电极。单独一个电极的电位是无法测量的，必须在溶液中再插入一个电极，使之构成一个电池，接上高阻毫伏计测得电池电动势，就能知道电极电位。为了测量和计算方便，后插入的电极的电极电位应稳定不变，以便作为电极电位测量中参考比较的标准，这个电极称为参比电极。

（三）水溶性酸测试仪

本书主要介绍比色法水溶性酸测试仪的仪器构成及技术指标。

1. 仪器构成

以 JKSR-1 水溶性酸测试仪为例（图 3-23），水溶性酸测试仪由主控单元、加热装置、振荡装置、油水分离装置、水样提取装置、指示剂混合装置、色差对比装置组成。

图 3-23　JKSR-1 水溶性酸测试仪

（1）主控单元：主控单元通过单片机实现程序自动控制和数据存储。

（2）加热装置：加热装置包含恒温箱、加热器、温度传感器等，在仪器工作时，在主控单元程序控制下恒温加热至测量温度（75℃）。

（3）振荡装置：振荡装置主要部件为振荡驱动电机，在主控单元程序控制下实现振荡幅度定位和振荡频率恒定。

（4）油水分离装置：通过恒温和振荡过程，容器装置内油性物质和水明分离为上、下两层。

（5）水样提取装置：将油水分离装置内下层水样自动提取至混合液杯内。

（6）指示剂混合装置：分别将溴甲酚紫或溴甲酚绿指示剂注入混合液杯内，并充分混合。

（7）色差对比装置：在指示剂混合液注入比色皿后，颜色传感器在控制单元程序控制下测试色差、对比固定酸度或碱溶液颜色，从而判定测定结果。

2. 技术指标

pH 值测试范围：3.8～7.0。

pH 值测量误差：±0.05。

pH 值重复性：±0.05。

五、闪点测定仪

（一）绝缘油闪点

闪点是可燃液体或固体能放出足量的蒸汽并在所用容器内的液体或固体表面处与空气组成可燃混合物的最低温度。当油面蒸汽与空气的混合物浓度增大时，遇到明火可形成连续燃烧（持续时间≥5s）的最低温度称为燃点。可燃液体的闪点随其浓度的变化而变化。随着温度的升高，燃油表面上蒸发的油气增多，当油气与空气的混合物达到一定浓度时，与明火接触，会发生短暂的闪火（一闪即灭），这时的油温称为闪点。

测定绝缘油新油的闪点可以防止或发现新油中是否混入了轻质油品。闪点低表示油中有挥发性可燃物产生，这些低分子碳氢化合物往往是由于电气设备局部故障造成过热，使绝缘油及绝缘材质受高温裂解产生的。因此，通过闪点测定可及时发现电气设备是否存在严重过热故障。

（二）闪点测定基本原理

中国主要用开口杯法和闭口杯法测定绝缘油闪点，具体选取何种方法，主要取决于油品的性质和使用条件。油品闪点与测试仪器、方法及外界条件有关，同一油品分别用开口和闭口闪点仪测定，其开口闪点较闭口高20～30℃。

通常，蒸发性较大的轻质油多用闭口杯法测定其闪点，这是因为开口杯法测定时轻质油的蒸汽极易向周围扩散，使测得的闪点偏高。多数润滑油（如汽轮机油等）是在非密闭的机件下使用，因而用开口杯法测定。电力用绝缘油是在密闭的容器内使用，使用过程中又可能产生高温（如变压器局部过热），可能有爆炸或着火的危险，开口杯法测定不易发现轻质组分的存在，而采用闭杯法测定可使所测得的闪点与实际情况相似。

闪点测定原理：国标规定的条件下，将油品加热，随油温的升高，油蒸汽在空气中（油液面上）的浓度也随之增加，当升到某一温度时，油蒸汽和空气组成的混合物中，油蒸汽含量达到可燃浓度，如将火焰靠近这种混合物，它就会闪火。闭口闪点测试仪一般采用自动升降杯盖、自动升温、自动点火、自动捕捉闪点的全自动模式，点火方式有电点火和气点火两种方式，闪点的捕捉方式有火焰导电感应式和压力感应等检测方式，温度的测量一般都使用铂电阻。对于全自动闪点测试仪，只要按仪器使用说明书设置即可。

GB/T 261《闪点的测定　宾斯基-马丁闭口杯法》采用宾斯基-马丁闭口杯法测定可燃液体、带悬浮颗粒的液体及在试验条件下表面趋于成膜的液体和其他液体闪点。GB/T 261 适用于闪点高于 40℃样品，不适用含水油漆或含高挥发性材料的液体。

GB/T 21615《危险品 易燃液体闭杯闪点试验方法》为采用闭口杯法测定危险品及易燃液体闪点的方法，适用于易燃的液体、液体混合物、含有固体物质的液体闪点试验测定，但不适用于危险特征已列入其他类别的液体，其闭杯试验闪点应等于或低于 60℃。

（三）闭口闪点测定仪

闭口闪点测定仪如图 3-24 所示，主要由试验油杯、加热板、加热炉、试验引火器等组成。其中试验油杯为标准油杯，加热板采用镀铬钢板制成，

图 3-24　闭口闪点测定仪

加热炉采用固态调压器进行升温速率的调节。仪器内置专用大气压测量芯片，闪火测试完成后自动进行大气压力修正。测试过程自动点火，测试结束启动强力风冷，并根据炉温自动控制运行时间。仪器采用热电偶微分检测样品闪点值，检测灵敏，抗干扰能力好。

六、微量水分测试仪

(一)油中含水量

变压器油和绝缘材料中的水分能直接导致绝缘性能下降并会加速油老化，影响设备运行的可靠性和使用寿命，对绝缘油中水分的监督是保证油浸式电力设备安全运行的必不可少的项目。

水分可影响绝缘材料的老化速度和绝缘性能。在高温（30℃以上）、高湿度（70%以上）条件下，水在油品中的溶解度可达 50～70mg/kg，溶解于绝缘油中的水分会大大降低油的绝缘性能。若绝缘油中含水量继续升高，绝缘油将发生乳化，进而丧失绝缘性能。

水分在绝缘油油品中存在的状态有以下四种：

(1)游离水：多为外界侵入的水，常以水滴形态游离于油中，或沉降于设备的容器底部，这种水易除掉。

(2)溶解水：这种形态的水是以极度微细的颗粒溶解于油中，水和油形成均匀的单一相。

(3)乳化水：油品精制不良或油质长期运行已经老化，油中已有乳化剂存在，油与水结合在一起形成乳化状态，使油水难以分离。

(4)结合水：结合水是油劣化后而生成的。

GB/T 7595《运行中变压器油质量》对不同电压等级的电力设备中的水分含量要求如下：330～1000kV 投运前≤10mg/L（投运后≤15mg/L）、

220kV 投运前 ≤15mg/L（投运后 ≤25mg/L）110kV 及以下投运前 ≤20mg/L（投运后≤35mg/L）。

（二）微量水分测试基本原理

绝缘油中微量水分检测方法有定性分析和定量分析两种，其中定量分析有气相色谱法和库伦法。

1. 水分定性测定法

该方法是将试油放入试管中加热至规定温度，用听响声的方法判断油中有无水分。

2. 水分定量测定法

（1）气相色谱法。该方法是以高聚合物为固定相的直接测定法。其测定原理是将绝缘油试油中的水分在汽化加热器适当温度下汽化后，用高分子微球为固定相进行分离，然后用传导检测器检测，最终以工作曲线法定量。

（2）库仑法。含水量的检测方法有多种，最常用的是卡尔·费休在 20 世纪 30 年代研究的方法，后来人们又引入库仑法，逐步将卡尔·费休法发展成为一种高度自动化的仪器分析方法。该方法采用经典理论——卡尔·菲休微库仑电量法，依据电解定律反应的水分子数同电荷数成正比，仪器检测参加反应电荷数（库仑）自动换算成对应的水分子数，因此此方法测试精度极高，测试成本极低，具有其他测试方法不可替代的优势；能可靠地对液体、气体、固体样品进行微量水分的测定。

其检测原理如下：

当被测试油中的水分进入电解液后，水参与碘、二氧化硫的氧化还原化学反应，在吡啶和甲醇存在下，生成氢碘酸吡啶和甲基硫酸吡啶。消耗的碘在阳极电解产生，从而使氧化还原反应不断进行。

卡尔菲休试剂同水的反应式为：

$$I_2 + SO_2 + 3C_5H_5N + H_2O \longrightarrow 2C_5H_5N \cdot HI + C_5H_5N \cdot SO_3$$

$$C_5H_5N \cdot SO_3 + CH_3OH \longrightarrow C_5H_5N \cdot SO_4CH_3$$

所用试剂溶液是由占优势的碘和充有二氧化硫的砒啶、甲醇等混合而成。通过电解在阳极上形成碘，所生成的碘，依据法拉第定律，同电荷量成正比例关系：

$$2I^- + 2e \longrightarrow I_2$$

由卡尔·菲休试剂和水的反应式可以看出，参加反应的碘的摩尔数等于水的摩尔数。把样品注入电解液中，样品中的水分即参加反应。仪器通过反应中碘的消耗量，得到电解出相同数量碘所用的电量计算得出。计算出被测物的含水量。

上述试验方法参照的是 GB/T 7600《运行中变压器油和汽轮机油水分含量测定法（库仑法）》。

（三）微量水分测试仪

1. 仪器结构

以 JKWS-1 型绝缘油微量水分测定仪为例（图 3-25），仪器由智能控制单元、电解池部件、搅拌部件组成。

图 3-25　JKWS-1 型绝缘油
微量水分测试仪

智能控制单元采用单片机控制，实现恒流检测、数据计算、数据保存。电解池部件由阴极池、阳极池、测量电极、进样口组成，电解池由玻璃、铂金和聚四氟乙烯等材料制成，它们能耐强酸和绝大部分溶剂。进样口采用硅胶垫密封，杜绝空气湿度污染。搅拌部件由搅拌电机、搅拌翼、搅拌子组成，通过智能控制实现搅拌功能。

检测仪采用电解电流自动控制系统，电解电流的大小可根据样品中水分的含量进行自动控制，最大可达到 400mA。在电解过程中，水分逐渐减少，电解速度随之按比例减少，直到电解终点控制回路开启。这一系统保证了分析过程中的高精度、高灵敏度和高速度。另外，在测定过程中，难免会引进一些干扰因素，如从空气中侵入的水分使电解池吸潮而产生空白电流。但是，由于仪器具有寄存空白电流的功能，所以在显示屏上最后所显示的数字就是被测试样中真正的水含量。

2. 技术参数

滴定方式：电量滴定（库仑分析）。

电解电流控制：0～400mA 自动控制。

测量范围：3μg～100mg。

分辨力：0.1μg。

精确度：（10～1000μg）±3μg；1000μg 以上不大于 0.3%。

七、界面张力测定仪

（一）界面张力

界面张力是液体表面分子受力的结果，当液体与固体接触时，在固体表面形成一个液体薄层叫附着层，层中的分子一方面受液体内部分子的引力作用，另一方面受固体分子的吸引，液体同样也表现出一定的表面收缩现象。液体表面与其他物质接触面上产生的张力叫作界面张力。界面张力随接触物质的不同而有所区别，其大小随界面层分子受力情况而有差异，差异越大，界面张力也越大。

油与水之间的界面张力测定是检查新油精制程度及运行绝缘油中含有老化产物（极性物质）的一项有效的间接方法。绝缘油是由多种烃类组成的混合物。在运行中由于受温度、空气和水分以及电场强度的影响，使油逐渐老化、产生有机酸及醇类等极性物质，如脂肪酸（RCOOH），醇类（ROH），它们分子中除有一个非极性碳氢链外，还有一个带有极性羧基或羟基，而极性基是亲水性基团，碳氢链是亲油基团，在油水界面上这些分子的极性基向极性相（水）转移，而憎水碳氢链则转向非极性相（油）转移。这些活性物在两相交界面上定向排列，改变了原来界面上的分子排列状况，降低了油的界面张力。因此可根据测定油水界面的变化来观察油质状况及氧化生成油泥的趋势。

（二）界面张力检测原理

界面张力的大小由界面张力仪测试。测试方法是通过一个水平的铂丝测量环，从界面张力较高的液体表面拉脱铂丝圆环，根据从水油界面将铂丝圆环向上拉开所需的力来测定张力值。张力值 δ 的单位是 mN/m 表示。

仪器所采用的工作原理是将高频感应微小位移自动平衡测量系统应用到扭力天平中去，即作用到铂环上的力发生改变时，与铂环所连接的平衡杆在两个涡流探头中产生位移，使两个涡流探头中产生的电感量发生变化，由此引起差动变压器失去平衡，随之电路中差动放大器的输入信号也失去平衡，经放大器放大后输出一个随铂环受力变化而变化的电信号，此信号

送到微处理机中进行处理，并按 GB 6541《石油产品油对水界面张力测定法（圆环法）标准》自动计算出被测试样的实际张力。

（三）界面张力仪

（1）界面张力仪如图 3-26 所示。

（2）技术参数。

1）测量范围：2～200mN/m。

2）灵敏度：0.1mN/m。

3）准确度：0.1mN/m。

4）分辨率：0.1mN/m。

5）重复性：0.3％。

图 3-26　界面张力仪

八、绝缘油介损测试仪

（一）介质损耗简介

介质损耗指的是绝缘材料在电场作用下，由于介质电导以及介质极化的滞后效应，在其内部引起的能量损耗。

电容电流的相位比电压超前 $\dfrac{\pi}{2}$，而由电容电流、电导电流和极化电流

构成的总电流不是超前 $\dfrac{\pi}{2}$，只是超前 $\dfrac{\pi}{2}-\delta$，即滞后电容电流 δ，δ 被称为

介质损失角，其正切 $\tan\delta$ 为有功电流与无功电流的比值，称为介质损耗因

数。由于 tanδ 很小，习惯上以百分数表示，常简称为介损。

从上述定义来看，油品 tanδ 越小，损耗就越小，tanδ 值越大，损耗就越大。一般说来，新油受到污染，运行油老化程度加深，都会使油的介损升高。若油中所含水分溶解于水，则对油的介损没有影响；若为游离水或乳化水，则影响严重。因此试品的取样和保管不规范，对介损值影响较大，应严格按照取样标准进行操作。介损值升高的油，会使变压器整体损耗增大、绝缘电阻下降。

介质损耗的测试对于温度非常敏感，温度越高，介损值越大，因此测试介质损耗时，应对温度严格控制，标准要求控制在 $90±0.5℃$ 之内。

目前，绝缘油介质损耗因数检测可参照的国内标准主要有：GB/T 5654—2007《液体绝缘材料相对介电常数、介质损耗因数和体积电阻率的测量》、GB/T 21216—2007《绝缘液体测量电导和电容确定介质损耗因数的试验方法》其中前者的应用更为普遍。

（二）介质损耗因数测试原理

1. 西林电桥测试介损

介质损耗因数一般都是通过西林电桥测量的，西林电桥是一种交流电桥，配以合适的标准电容，可以在高压线测量材料和设备的电容值和介质损耗角，其原理示意图如图 3-27 所示。西林电桥有 4 个臂：两个高压臂，一个代表被试品的 Z_X，另一个代表无损耗标准电容 C_n；两个低压臂处在桥体体内，一个是可调无感电阻，另一个是无感电阻 R_4 和可调电容 C_4 的并联回路。调节 R_3、C_4，使检流计 G 的电流为零通过计算可得到介损为：

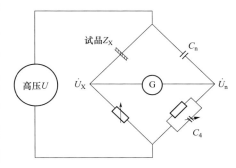

图 3-27　西林电桥原理示意图

$$\tan δ = ω C_4 R_4$$

式中 $ω = 2πf$，f 为交流电压频率。

2. 数字化仪器测量介损原理

如果取得试品的电流相量和电压相量，则可以得到相量图，如图 3-28 所示。

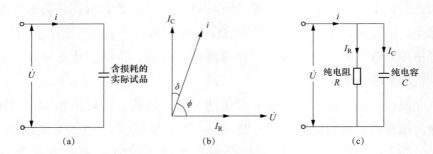

图 3-28　含损耗的试品的介质损耗等效原理及向量图

（a）试品等效电路图；（b）介质损耗电流、电压向量图；（c）电阻、电容分解后等效电路图

总电流可以分解为电容电流 I_C 和电阻电流 I_R 合成，因此，介质损耗角 $\delta = \left(\dfrac{\pi}{2} - \varphi\right)$，介质损耗角正切值 $\tan\delta = I_R / I_C$。

数字化介损测试仪从本质上讲，是通过测量 δ 或者 φ 得到介损因数，即采集测试回路的电流信号，根据电流的幅度大小和相位的变化计算出被试品的电容量 C_X 和介损 $\tan\delta$。数字式介损测试仪测量原理如图 3-29 所示。

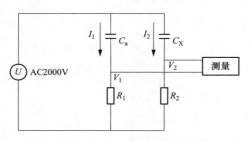

图 3-29　数字式介损测试仪测量原理示意图

其中，C_a 为标准电容，C_X 为介损电极杯，则 $I_1 = V_1 / R_1$，$I_2 = V_2 / R_2$。通过傅里叶变换到频域，求出 I_1 与 I_2 的相位差 δ，$\tan\delta$ 即为介损。根据公式 $I = \omega C U$，$I_1 = \omega C_a U$，$I_2 = \omega C_X U$，得到 $C_X = \dfrac{I_2}{I_1} C_a$。

（三）绝缘油介损测试仪构造

1. 仪器构成

绝缘油介损测试仪是用于绝缘油等液体绝缘介质的介质损耗角及体积电阻率的高精密仪器。实验室中常用的绝缘油介损测试仪如图 3-30 所示，主要组成部分包括主机、油杯、测试线站等。

图 3-30 绝缘油介质损耗测试仪

绝缘油介质损耗测试仪采用一体化结构设计，原理示意图如图 3-31 所示。其内部集成了介质损耗油杯、温控仪、温度传感器、介损测试电桥、交流试验电源、标准电容器、高阻计、直流高压源等主要部件。加热部分采用了高频感应加热方式，即非接触式加热，具有加热均匀、速度快、控制方便等优点，交流试验电源采用交直流交叉转换，有效避免市电电压及频率波动对介损测试准确性影响。

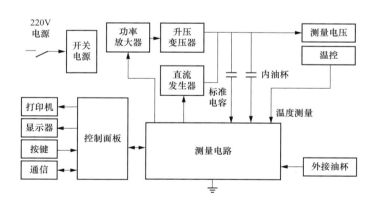

图 3-31 绝缘油介质损耗测试仪原理示意图

2. 油杯组件

绝缘油介质损耗测试仪油杯结构示意图如图 3-32 所示。

3. 技术指标

（1）电源电压：AC220V±10％。

（2）电源频率：50Hz/60Hz±1％。

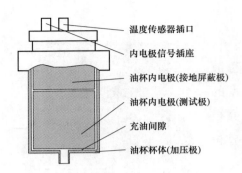

图 3-32　绝缘油介质损耗测试仪油杯
结构示意图

（3）测量范围：电容量 5～200pF。相对电容率 1.000～30.000。介质损耗因数 0.00001～100。

（4）测量精度：电容量±（1%读数+0.5pF）。相对电容率±1%读数。介质损耗因数±（1%读数+0.0001）。

（5）分辨率：电容量 0.01pF。相对电容率 0.001。介质损耗因数 0.00001。

（6）测温范围：0～120℃。

（7）温度测量误差：±0.5℃。

（8）交流试验电压：500～2000V。

（9）直流试验电压：300～500V。

除了常见的 JKJS 系列外，实验室常用介质损耗测试仪还有 JKJD 全自动介质损耗测试仪，它们分别适用于不同的实验场合。与 JKJS 系列仪器相比，JKJD 全自动介质损耗测试仪实现了自动排油功能，提高了工作效率，也保证了试验人员的安全。

九、绝缘油直流电阻测试仪

（一）绝缘油直流电阻率

绝缘油直流电阻率在某种程度上能反映出油的老化和受污染程度，当绝缘油受潮或污染后，其绝缘电阻降低。一般来说，绝缘油的直流电阻率高，其介质损耗因数就很小，击穿电压就高。直流电阻率对油的离子传导损耗反应灵敏，不论是酸性还是中性氧化物，都会引起电阻率的明显变化。所以，通过测定绝缘油直流电阻率，能可靠有效地监督油质。

绝缘油直流电阻率检测参照标准主要有：GB/T 5654《液体绝缘材料

相对介电常数、介质损耗因数和直流电阻率的测量》、GB/T 21216《绝缘液体测量电导和电容确定介质损耗因数的试验方法》和 DL 421《绝缘油直流电阻率测定法》。

（二）直流电阻率检测原理

根据欧姆定律，两电极间液体内部的直流电场强度与稳态电流密度的商称为介质损耗的直流电阻率，通常用 ρ 表示：

$$\rho = \frac{U}{I} \times \frac{S}{L} = R \times \mathrm{K} \tag{1}$$

$$\mathrm{K} = \frac{S}{L} = \frac{1}{\omega \times \omega_0} \times \left(\omega \times \omega_0 \times \frac{S}{L} \right) = 0.113 \times C_0 \tag{2}$$

式中　　ρ——被试品的直流电阻率，$\Omega \cdot \mathrm{m}$；

U——两电机间所加直流电压，V；

I——两电极间流过的直流电压，A；

S——电极面积，m^2；

L——电极间距，m；

R——电极之间被试品的直流电阻，Ω；

K——电极常数，m；

ω——空气的相对介电常数；

ω_0——真空介电常数，其值为 $(8.55 \times 10^{-12})\mathrm{A} \cdot \mathrm{s}/(\mathrm{V} \cdot \mathrm{m})$；

C_0——空电极电容量，pF。

液体的直流电阻率测定值不仅与液体的介质性质及内部溶解的导电离子有关，还与测试电场强度、充电时间、液体温度等测试条件有关。因此，绝缘油的直流电阻率是指规定温度下，测试电场强度为 250V/mm，充电时间 60s 的测定值。

（三）直流电阻率测试仪

1. 直流电阻率测试仪构成

实验室中常用的 JKJS 绝缘油介质损耗测试仪如图 3-33 所示，主要包括主机、电极杯、测试线站等部分。

（1）主机。主机主要由交流发生器，直流发生器，加热模块，数据采

图 3-33 JKJS 绝缘油直流电阻率测试仪

集单元，显示、存储及打印组成。

1）交流发生器产生频率为 50Hz、电压范围为 0～2200V 的交流电压，用来测试介质损耗因数。

2）直流发生器产生 0～600V 的直流电压，用来测试品的直流电阻率。

3）加热模块用于将装有试品的电极杯加热到规定的温度。

4）数据采集、处理单元将通过电极杯输入的信号进行采集、处理、计算，从而得到测试数据。

（2）电极杯。电极杯采用与介质损耗因数相同的三电极电极杯。

2. 直流电阻率测试基本流程

试验之前先要将专用的绝缘油杯清洗干净，防止污秽物影响测试结果，然后将内电极取出，往油杯内倒入 40ml 油样，注油过程中尽量缓慢倒入，不要在油中夹入气泡，然后将内电极装入油杯并且静置 15min 以上，让气泡全部排出。

打开测试仪的电源开关，选择"开始试验"选项，选中"直流电阻率"，点击开始，测试仪开始自动对油样加温（高频感应炉）到设定的温度，将直流电压加到外电极，在电化时间达到终点时记录电流和电压读数。

3. 技术指标

（1）电源电压：AC 220V±10%。

（2）电源频率：50Hz/60Hz±1%。

（3）测量范围：电容量 5～200pF；相对电容率 1.000～30.000；直流电阻率 2.5～20000MΩm。

（4）测量精度：电容量±（1%读数＋0.5pF）；相对电容率±1%读数；直流电阻率±10%读数。

（5）分辨率：电容量 0.01pF；相对电容率 0.001。

（6）测温范围：0～120℃。

（7）温度测量误差：±0.5℃。

（8）直流试验电压：300～500V、连续可调。

十、绝缘油击穿电压测试仪

（一）绝缘油击穿试验简介

对绝缘油施以匀速升高的交流电压，当试验电压达到某一值时，绝缘油的绝缘性能被破坏，伴随着电弧的产生而发生导电，这一电压值叫作绝缘油的击穿电压值。

严格意义上讲，纯净的绝缘油发生击穿，是由于油分子在电场中极化、电离引起的。工程实际中，多是由杂质在油分子远未电离之前，先行在电极之间发生极化，沿电场方向排列起来，继而电离成为微小通路，导致绝缘油被击穿。因此，在取样和保存的过程中应尽量避免油样受到污染。此外，由于杂质进入到电极之间具有随机性，导致平行试验数据分散性大，应取多次试验的平均值作为最终试验结果。

击穿电压与试验条件紧密相关，这些条件包括施加电压的波形、频率、峰值因数、升压速度、电极形状、电极间距、电极表面状况、试样杯容积、静放时间、升压间隔、是否搅拌等。其中电极形状、电极间距、电极表面的状况及搅拌对试验结果影响最为明显。因此，不指明试验方法、不严格按照规定条件测定的击穿电压是毫无意义的。

目前，中国执行的标准是参照 IEC 156 制定的 GB/T 507《绝缘油击穿电压测定法》。

（二）击穿电压测定仪原理

根据设定的实验条件，由调压装置将电压从 0 匀速升压至 200V，并输出至升压装置的低压端，升压装置高压端输出为 $0\sim80/100kV$ 的可调电压，高压装置的高、低压端分别连接至试样杯的两个电极。当电压升至绝缘油的击穿电压时，绝缘油被击穿，完成一次击穿过程，其试验原理示意图如图 3-34 所示。然后，按照实验条件的设置，进行搅拌或不搅拌，升压间隔的时间到后，进行下一次升压，直至设定的击穿次数完成，取 6 次击穿值的平均值作为绝缘油最终的击穿电压。绝缘油击穿电压测试流程如图 3-35 所示。

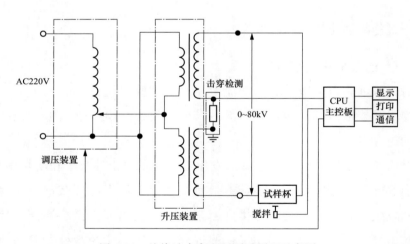

图 3-34　绝缘油击穿电压测试原理示意图

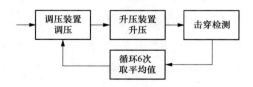

图 3-35　绝缘油击穿电压测试流程图

（1）调压装置。调压装置为升压装置低压侧按一定速率提供交变的电压。

（2）升压装置。升压装置为试样杯提供 0～80/100kV 的电压输出。

（3）升压速度。试验所需的连续升压的速率，值为 2kV/s。

（4）搅拌。试样杯外部电机带动试样杯内双叶搅拌桨或磁性棒转动，使击穿后的气泡不能停留在电极之间。

（5）静放时间。油倒入试样杯到首次升压的时间。

（6）升压间隔。一次击穿后到下一次升压之间间隔的时间。

（7）试样杯及电极。试样杯、球形电极和球盖型电极示意图分别如图 3-36 和图 3-37 所示。试样杯内置一对电极，充满试样油后，通过升压装置为电极施加电压，击穿电极之间的样品油。试样杯容积为 350～600ml，材料为石英玻璃、有机玻璃、陶瓷、环氧树脂等。电极作为对试样油施加电压的载体，其间距、形状、表面状态对击穿数据影响较大。电极间距为 2.5mm，需用标准塞尺对其进行校准。电极的形状有球形、球盖型两种，形状的不同造成了电场强度的不同，从而影响试样油的击穿。

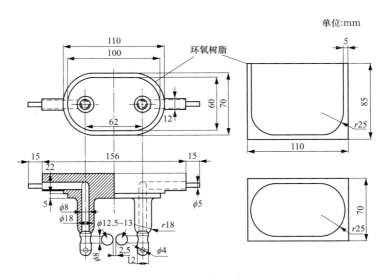

图 3-36　试样杯示意图

单位:mm

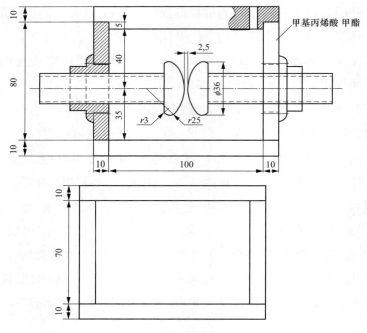

图 3-37　球盖型电极示意图

（三）绝缘油击穿电压测定仪

1. 绝缘油击穿电压测定仪构成

实验室常见的击穿电压测定仪如图 3-38 所示。仪器主要由调压装置、升压装置、击穿检测、CPU 控制单元、试样杯、显示及打印等部分组成。

（1）击穿检测。检测击穿时产生到的高频脉冲，将其转换为 CPU 控制单元可接收的信号。

（2）CPU 控制单元。CPU 控制单元控制仪器的电压采样、击穿识别、升压控制、搅拌、参数设置、数据计算、数据存储、仪器校准、过压

图 3-38　绝缘油击穿电压测定仪

过流保护、人身安全防护等。

（3）试样杯。试样杯采用石英玻璃，油杯容量 400ml，电极采用黄铜，可方便球形电极和球盖型电极的互换。

2. 技术指标

（1）高压输出电压：0～80kV。

（2）电压波形畸变率：<3%。

（3）电压输出准确度：<3%。

（4）电源电压：AC 200～265V。

（5）功率：500W。

十一、倾点、凝点测定仪

（一）倾点、凝点简介

随着外界温度的下降，绝缘油流动变得愈来愈困难，最终甚至于"丧失"流动性。对于矿物绝缘油而言，其低温下的流动性通常同时取决于两个因素：①粘度随温度下降而增高；②油品中原来呈溶解状态的石蜡分子因温度下降以固体结晶析出。但对于环烷基型的绝缘油，其低温下流动性的"丧失"主要决定于前一因素。平时所谓的倾点多指因蜡质析出而刚要使油品"丧失"流动性的温度，因此又称为"含蜡倾点（Waxy Pour Point）"。

倾点愈高，绝缘油在自然低温下的流动性愈差。但是，由实验室小样测得的倾点数据并不能真正代表储油罐中大量油品的实际倾点，事实上后者要低得多。而且，对于石蜡基型石油只要以机械的方法破坏了蜡的结晶结构，即使在低于倾点的某一段温度范围内仍可顺利流动。为改善油品的低温流动性，可添加适量倾点下降剂。

倾点和凝点均是表示油品低温流动性的重要质量指标，对于油品的生产、运输和使用都有重要意义。倾点高的油品不能在低温下使用。相反，在气温较高的地区则没有必要使用凝点低的油品，以免造成不必要的浪费。因为油品的倾点越低，其生产成本越高。

自动倾点、凝点测定仪广泛应用于电力、炼油厂、铁路、航运、储油站及化工等行业。

自动倾点、凝点测定参照 GB/T 3535—2006《石油产品倾点测定法》和 GB/T 510—2018《石油产品凝点测定法》。

（二）倾点、凝点测定仪检测原理

1. 倾点、凝点测定的基本原理

倾点和凝点都是石油产品低温流动性的指标。两者无原则上的差别，只是测定方法稍有不同。同一油品的倾点和凝点并不相等，一般倾点都高于凝点 2～3℃。

油品凝点按 GB/T 510 法测定，在规定的条件下将油品冷却到预定温度，将试管倾斜 45°，经过 1min 后，液面不移动时的最高温度即是油品凝点。

油品倾点按 GB/T 3535（等效于 ISO 3016 方法）进行测定，在规定的条件下冷却油品，每隔 3℃将试管取出，水平放置，观察试样液面有无流动，直至 5s 试样液面不流动，此时的温度再加上 3℃即为油品的倾点。

2. 倾点凝点相关基本术语

（1）倾点。油品在规定条件下冷却时能够流动的最低温度。

（2）凝点/凝固点。试样在规定条件下冷却至液面停止移动时的最高温度，单位为℃。

（三）倾点凝点测定仪

1. 倾点凝点测定仪构成

DDNQ-3000 型自动凝倾点测定仪如图 3-39 所示。

2. 技术指标

（1）适用标准：GB/T 510《石油产品凝点测定法》、GB/T 3535《石油产品倾点测定法》。

（2）工作电源：AC 220±10％V、50±1Hz。

（3）整机运行功率：2000W。

（4）制冷方式：双压缩机复叠式制冷。

（5）制冷极限温度：≤−80℃。

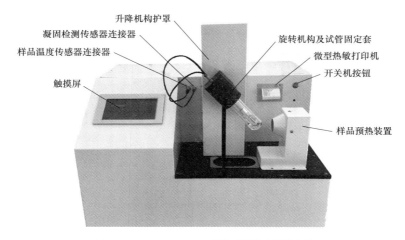

升降机构护罩
凝固检测传感器连接器
样品温度传感器连接器
触摸屏
旋转机构及试管固定套
微型热敏打印机
开关机按钮
样品预热装置

图 3-39　DDNQ-3000 型自动凝倾点测定仪

（6）环境温度：0～40℃。

（7）相对湿度：＜85％RH。

（8）样品温度传感器分辨率：0.1℃；精度：±0.1℃。

（9）测量重复性：凝点 2℃，倾点 3℃。

十二、运动粘度测定仪

（一）运动粘度测定仪简介及检测意义

运动粘度是评价油品的重要参数。绝缘油在电气设备中除了起绝缘作用外，还起着散热和冷却的作用。因此，要求油的粘度适当。粘度过小，工作安全性降低；粘度过大，影响传热。尤其在寒冷地区较低温度下，油的粘度不能过大，需具有循环对流和传热能力，设备才能正常运行，停止运行后的设备在启用时才能顺利安全启动。

动力粘度，也被称为动态粘度、绝对粘度或简单粘度，定义为应力与应变速率之比，其数值上等于面积为 $1m^2$、相距 1m 的两平板，以 1m/s 的速度作相对运动时，因之间存在的流体互相作用所产生的内摩擦力。单位为 Ns/m^2，即 Pas，其量纲为 $M/(LT)$。

运动粘度即流体的动力粘度与同温度下该流体密度 ρ 之比，单位为

mm²/s。运动粘度检测参照 GB/T 265《石油产品运动粘度测定法和动力粘度计算法》。

（二）运动粘度测定仪检测原理

运动粘度测定仪测试原理是在某一恒定温度下，测定一定体积的液体在重力作用下流过一个标定好的玻璃粘度计所用的时间，流动时间与玻璃粘度计的毛细管常数的乘积，即为该温度下液体的运动粘度。该温度下液体的运动粘度和密度之积即为液体的动力粘度。该方法适用于测定液体石油产品（牛顿液体）的运动粘度。

（三）运动粘度测定仪

1. 仪器构成

运动粘度测定仪主要由运动粘度测定仪主体、自动运动粘度计、恒温浴缸、废液瓶、粘度计固定检测机构组成，运动粘度测定仪结构外观如图 3-40 所示。自动运动粘度计连接氟胶管，仪器内部安装气泵和电磁阀，可实现全自动抽提、清洗、烘干等功能。恒温浴缸本体采用硬质玻璃制成。温控系统采用高精度温控表、高精度 pt100 温度传感器，控温精度可以达到 0.01℃；选用 1000W 加热棒，可满足室温至 100℃ 的试验环境。粘度计固定检测机构采用光纤对射原理，由耐高温光纤实现精准检测。

图 3-40　运动粘度测定仪

2. 技术指标

温度控制范围：室温～100℃。

准确度：15～100℃粘度值误差为 1％，0～15℃粘度值误差为 3％。

分辨率：温度分辨率 0.01℃；粘度分辨率 0.01mm²/S。

十三、颗粒度分析仪

（一）颗粒度分析简介

颗粒度分析是一种分析样品中颗粒尺寸、数量的一种检测技术。

颗粒度分析仪早期应用于医药行业，测试药液中的颗粒成分。颗粒度分析仪经过不断发展后进入绝缘油检测行业，并发挥着不可替代的重要作用。

绝缘油颗粒度检测参照标准 ISO 4402《液压传动.液体中悬浮微粒自动计数仪表校准.使用 AC 细粒试验污法》、ISO 11171《液压传动　液体自动颗粒计数器的校准》、NAS 1638 污染等级标准、GJB 420A—96《飞机液压系统用油液固体污染度分级》、GJB 420B—06《航空工作液固体污染度分级》、ISO 4406—99 清洁度标准、ISO 4406—87（JB/T 9737《汽车起重机和轮胎起重机液压油固体颗粒污染等级》）、SAE749D《油液洁净度等级》、GB/T 14039《液压传动油液固体颗粒污染等级代号》、POCT—17216《工作液污染度（工业纯度）分级》、AS4059F《航空航天流体动力　液压油的污染分类》。

（二）颗粒度分析仪测原理

采用 ISO 4402《液压传动.液体中悬浮微粒自动计数仪表校准　使用 AC 细粒试验污法》、ISO 11171《液压传动.液体自动颗粒计数器的校准》规定的遮光法（Light Extinction）（又可称为消光法或光阻法）原理进行油液污染度检测，具有检测速度快、抗干扰性强、精度高、重复性好等优点。

遮光法的原理如图 3-41 所示。平行光束垂直穿过截面积为 A 的样品流通室，照射到光电接收器上，当液流中没有颗粒时，电路输出为 E 的电压。当液流中有一个投影面积为 a 的颗粒通过样品流通室时，阻挡了平行光束，使透射光衰减，此时在电路上输出一个幅度为 E_0 的负脉冲。通过线路中的放大器，对 E 和 E_0 的电压差进行放大，然后经过单片机软件计算相应的偏差电压对应相应的颗粒尺寸，将所计算出来的颗粒尺寸和数量送至显示器显示。遮光法颗粒度分析仪工作原理示意图如图 3-42 所示。

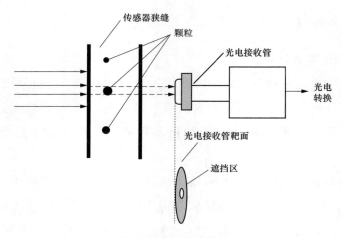

图 3-41　遮光法原理

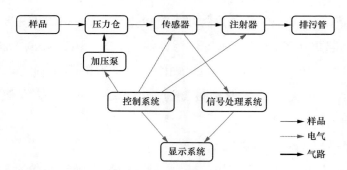

图 3-42　遮光法颗粒度分析仪工作原理示意图

（三）颗粒度分析仪

1. 颗粒度分析仪构成

实验室中常用的 TP 791 颗粒度分析仪如图 3-43 所示，主要由脱气装置（超声波清洗器）、压力装置（压力仓和加压泵）、检测装置、定量装置和控制系统、信号处理系统和显示系统等组成。

颗粒度分析仪基本分析流程：拿到样品后，摇匀样品，放入超声波清洗器进行脱气操作。待样品无气泡析出，即可取出样品。将取出的样品放入仪表的压力仓中，通过加压泵进行负压消泡，然后加正压进行辅助进样（粘度低于 $100mm^2/S$ 的样品可不加压测试），样品从压力仓进入颗粒检测传感器，再进入定量装置定量，系统通过传感器传输出的数据和定量装置的定量进行样品分析，折算出颗粒尺寸和数量。

图 3-43　颗粒度分析仪

（1）脱气装置。脱气装置的主要作用是保证进入仪表检测系统的样品是没有微小气泡的，减少气泡对整个检测系统的影响，同时可以使样品中的颗粒分布更均匀，减少测量的误差。

（2）压力装置。压力装置的主要作用是加压泵与进样注射器配合，以减轻注射器的工作负荷，增加测试样品的粘度范围，并消除油样中气泡的作用。

（3）检测装置。检测装置是颗粒度分析仪的核心部件，其主要作用是分析经过传感器的样品中的颗粒尺寸和颗粒数量，并传送给信号处理系统进行分析。TP 791 颗粒度分析仪的检测装置是一个 16 通道、颗粒尺寸范围是 $0.8\sim100\mu m$ 的激光传感器，其分析结果更加准确。

（4）定量装置。定量装置是颗粒度分析仪不可或缺的部分，它将流经传感器的油样进行精确的定量，与传感器配合，将信号发送给信号处理系统，由信号处理系统将两个数据合并处理，计算出精确的颗粒尺寸和数量。定量装置采用高精度注射器和高精度工业注射泵组合而成，可提供单次 10mL 和多次 100mL 的高精度取样。

（5）控制系统。控制系统将颗粒度分析仪所有功能有机地整合为一体，如实现自动控制加压泵开关、自动调整注射器的取样和排污等。

（6）信号处理系统。信号处理系统是颗粒度分析仪技术中十分重要的一环，所有仪表的数据均是通过信号处理系统将烦琐复杂的数字信号转换成相应的颗粒尺寸和数量。

2. 颗粒度分析仪常见类型

随着颗粒度分析仪的不断发展，其应用方式也相应改变，按其应用场所，可分为在线式仪表、便携式仪表和实验室仪表。除了常用的实验室仪表 TP 791 以外，颗粒度系列仪表还有在线式 TP 7921 和便携式 TP 792。

（1）TP 791 颗粒度分析仪的技术指标如下：

1）光源：半导体激光器。

2）测量范围：$0.8\sim600\mu m$。

3）测量通道：16 通道，粒径任意设定（校准曲线粒径范围内）。

4）取样体积：$0.2\sim1000mL$。

5）取样精度：优于$\pm0.5\%$。

6）取样速度：$5\sim80mL/min$。

7）分辨率：$<10\%$。

8）重合误差极限：$12000\sim24000$ 粒/mL。

9）重复性：RSD$<2\%$。

10）气压舱最大正压：0.8MPa。

11）气压舱最大负压：0.08MPa。检测样品粘度：$\leqslant650cst$。

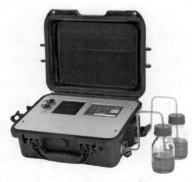

图 3-44　TP 792 型颗粒度
分析仪

（2）TP 792 型颗粒度分析仪。TP 792 型颗粒度分析仪如图 3-44 所示，主要用于检测人员到现场实测数据而使用的一种便携式仪表，该仪表不仅能现场测试，也可以在线测量设备中油样的颗粒数。TP 792 型颗粒度分析仪采用光阻法（遮光法）原理，具有检测速度快、抗干扰性强、精度高、重复性好。

TP 792 型颗粒度分析仪的技术指标如下：

1）光源：半导体激光器。

2）粒径范围：1～400μm。

3）灵敏度：1μm（ISO 4402）或 4μm(c)（GB/T 18854，ISO 11171）。

4）取样方式：离线或在线。

5）检测体积：10ml/次。

6）取样体积精度：优于±3％。

7）检测时间：30s/次。

8）检测速度：20mL/min（可在 5～35mL/min 间设置）。

9）清洗速度：20mL/min（可在 5～35mL/min 间设置）。

10）冲洗体积：可在 0～90ml 间设置（间隔 1mL）。

11）重合误差极限：24000 粒/mL（5％重合误差）。

12）颗粒计数重复性：RSD 小于 2％（计数值：每毫升≥1000 时）。

13）颗粒计数相对误差：±10％。

14）离线检测粘度：≤100cSt。

15）在线检测压力：0.1～0.6MPa。

16）样品温度：0～80℃。

17）工作温度：−20～60℃。

十四、油泥析出测定仪

（一）油泥析出

绝缘油泥是由于油的老化和变质产生的沉淀物，是一种树脂状的物质，可适度地溶解在油中，沉积在变压器外壳、循环油路，冷却器散热部件等部位，使变压器的散热功能下降，加速固体绝缘的老化，引起变压器线圈局部过热。

油泥析出是依据 DL/T 429.7《电力用油油泥析出的测定方法》进行测定。

（二）油泥析出的测定原理

1. 定性法

将试样油注入规定的容器中，用正戊烷稀释静置一定时间后，观察油污沉淀物析出。

2. 定量法

将试样油与正戊烷混合，用定量滤纸过滤至恒重，得到正戊烷不溶物。将上述滤纸用甲苯—乙醇混合液洗涤、干燥并恒重得到甲苯不溶物。正戊烷不溶物质量减去甲苯不溶物质量，得到的就是油泥析出质量。这里所讲的正戊烷不溶物为油品与正戊烷混合后分离出来的物质，甲苯不溶物为油品中不溶于正戊烷且不溶于甲苯的物质，油泥为油品中不溶于正戊烷但溶于甲苯的物质。

（三）油泥析出测定仪

油气检测实验室常见的油泥析出测定仪如图 3-45 所示。

图 3-45　油泥析出测定仪

油泥析出自动测定仪包括主控单元、空间智能定位单元、稀释过滤单元、废液回收单元、恒温干燥单元、高精度称重单元。主控单元实现试验工艺流程智能控制、数据计算和存储功能；空间智能定位单元实现试样在稀释过滤空间、恒温干燥空间、降温冷却空间、精确称重空间四个空间范围内智能定位。稀释过滤单元智能实现油样稀释、过滤功能；废液回收单元实现试验过程中产生的废液回收处理功能；恒温干燥单元实现试样在 105±2℃ 环境内干燥处理功能；高精度称重单元采用高精度称重传感器（精度 0.1mg），通过计算数据处理实现精度称重。

仪器内置无油免维护真空泵和金属浴恒温漏斗，一台仪器主机完成所有功能，无需外接真空泵和水浴锅，节能环保。

技术指标如下：

（1）烘箱温度：105±2℃。

（2）称重精度：±0.2mg。

（3）称重感量：±0.1mg。

（4）重复性：±0.02％（质量分数）。

（5）再现性：±0.03％（质量分数）。

第二节　绝缘油检测设备维护

一、气相色谱仪的使用维护

（一）仪器的使用注意事项

正确地维护仪器不仅能够使仪器始终处于正常工作状态，还能延长仪器的使用寿命。在使用和维护仪器时必须注意：

（1）氢气使用安全注意事项：当室内空气中所含氢气的体积占混合体积的4％～74.2％时，遇到明火都会发生爆炸。为了防止发生事故，试验室中与氢气相关的操作要遵守以下规定：氢气气路应使用合格管路和阀件，气路连接应按照说明书中的要求连接，确保无泄漏。色谱试验室必须通风良好，并遵守消防条例的相关规定。试验完毕，应关闭氢气源总阀或氢气发生器电源。

（2）建议仪器定期进行开机（每周一次），若色谱仪长时间不使用，在下次开机后应进行通气操作。

（3）色谱仪应在规定的条件下工作，若条件不符合，则必须采取相应的措施。

（4）严禁变压器油或其他不被允许的高分子有机物进入检测器及管道，避免造成管道污染或仪器性能恶化。

（5）仪器开机时必须先通载气，然后才能开机升温，避免损坏色谱柱并污染检测器。

（6）使用FID、检测器时，必须待检测器温度达到设定值（150℃）后才能点火，这样可以避免检测器积水。

（7）仪器关机时，必须先关主机电源，让其自然降温后才能关断载气。

不能先行退温后再关闭主机电源，这样容易造成 FID 积水。

（8）注意高温区域。仪器工作时，氢焰检测器、转化炉以及其他加热部件均处于较高的温度，在关机后一段时间内其加热区会保持一定的温度，为防止烫伤，请勿与其接触。

（9）注意电击危险。要保证仪器主机外壳接地良好。拆卸仪器之前，必须切断仪器总电源开关，拔掉电源插头，否则有触电危险。

（二）仪器的维护

1. 仪器周期检定及要求

依据气相色谱仪计量检定规程，气相色谱仪的检定周期一般为 1 年。仪器使用者，可视各自企业单位的使用情况，请技术监督局定期对仪器进行检定。

在进行检定的时候，标准物质应使用氮中甲烷气体，不得使用液体等其他检定物质，否则可能会污染色谱仪，造成严重后果。

2. 气源（钢瓶气）维护操作

（1）钢瓶气体纯度应≥99.99％，当钢瓶压力降到 2MPa 以下时，请及时予以更换。

（2）更换气瓶、安装减压阀前，先将钢瓶总阀打开一下，吹去钢瓶出口处的杂质，然后再安装减压阀。

3. 气源（发生器）维护操作

（1）氢气发生器电解液配置。

1）按说明书要求，使用一定量的氢氧化钾配 500mL 蒸馏水，冷却后倒入气源储液灌，再加蒸馏水，使液面至最高限（H）标识线以下。

2）配制电解液时，由于会发热，所以一般使用耐热的玻璃器皿如烧杯等，先往烧杯中加入蒸馏水，再将氢氧化钾加入蒸馏水中，并且边加边搅拌。

3）由于电解液有一定的腐蚀性，所以在向储液罐中加入电解液时可以使用漏斗，如果电解液有溢出，要用布迅速擦去。

（2）氢气发生器电解液的更换。氢气发生器使用前应检查液面，低于标识最低（L）线时，要及时加蒸馏水。仪器使用1年，建议更换电解液一次。

（3）氢（空）气发生器变色硅胶更换。更换之前，确保发生器的压力表已归到零位，然后按仪器上指示方向，将净化管拧下来，更换内部的变色硅胶。更换完成后，再次安装时务必拧紧，否则易造成漏气。氢（空）气发生器如图3-46所示。

(a)　　　　　　　　　　　(b)

图3-46　氢（空）气发生器示意图

(a) 氢气；(b) 空气

（4）氢（空）发生器试漏。将氢气或者空气发生器出口用堵帽封上，然后开发生器，待压力上升到设定值后，观察氢气发生器流量是否归零、空气发生器压力是否下降。如不归零或者压力下降，说明有漏点，应进行查漏。

4. 注射器试漏检查

所用1mL注射器应经常检查气密性是否正常，针头是否堵塞。

检验方法：拉开管芯，用进样胶垫堵住针头头部，慢慢推动针管，如果感觉阻力较大不能推到针管底部，且在针芯施压的情况下保持一定时间后能弹回原来的位置，表明针管及针头连接处不漏气。否则要及时更换针头或给针芯涂抹真空脂之类的密封材料。

5. 色谱柱老化

（1）影响色谱柱寿命的主要原因是进油污染，所以在进针时应尽可能避免针头带油。

（2）老化操作：保证色谱柱通气前提下，将柱箱温度设置到正常使用温度以上 30℃，老化 4h。适当增加载气流量，可以提高老化效率或减少老化时间。

6. 进样口清洗

进样口主要由进样口本体和下方的进样三通组成，如图 3-47 所示。清洗方法：

（1）将进样口本体和三通连接处的螺帽用扳手拆掉。

（2）进样口本体可以用大气流载气进行吹扫。拆掉三通放空后，可以用手堵住憋气，然后再松开，反复操作几遍。

（3）进样三通既可用大气流载气吹扫，也可以用有机溶剂（丙酮）进行清洗，然后用蒸馏水冲洗干净后，烘干。

图 3-47　氢进样口示意图

7. 外观清洁

如果仪器的外壳需要清洁，可以使用中性清洁剂进行擦拭。

二、含气量分析仪的使用与维护

(一) 气相色谱法含气量分析仪的使用与维护

1. 仪器的使用注意事项

(1) 基于色谱法的含气量分析的试验过程：①采集被测油样；②脱出油样中的气体，用气相色谱仪分离、检测各气体组，通过色谱工作站进行结果计算，根据分配定律换算成油中浓度，结果以体积分数（%）表示。相比绝缘油中溶解气体分析，增加了 O_2、N_2 成分，与绝缘油计算公式比较，仅有温度校正系数的不同。

(2) 样品分析中的所有涉及可能接触空气的操作，如 5mL 转移针管、进样针管等在使用时均需用载气严格冲洗，防止引入环境中的空气。

(3) 载气采用氩气，脱气时平衡气采用 10mL。

(4) 分离氢气、氧气、氮气的 3 号色谱柱容易吸附 CO_2 水等物质后失效。

2. 仪器的维护

由于采用色谱法进行的含气量检测涉及振荡脱气，为确保绝缘油中的溶解气体组分含量测试的准确性，需做好以下工作：

(1) 气相色谱仪应每年进行计量鉴定。测试仪整机出厂前由制造商对仪器结构参数精确标定，使用中可以利用仪器的校验功能进行校验。

(2) 每天试验都要使用有证标准浓度气体进行校核，校核的峰强度不应与前几次测试值有明显偏离，否则要查明原因。

(3) 要确保使用的玻璃注射器气密性良好，刻度准确。刻度可用重量法进行校正。

测试仪整机出厂前由制造商对仪器结构参数精确标定，使用中可以利用仪器的校验功能进行校验，常规检验周期为 1 年。

(二) 真空差压法含气量分析仪的使用与维护

1. 真空差压法含气量分析仪的使用注意事项

(1) 真空差压法测定油中含气量应注意仪器各个连接部的密封，防止漏气。

（2）真空泵使用前应检测真空泵油位是否符合要求，油位偏低要及时补加。

（3）试验时最好戴上护目镜，以防喷油或玻璃设备炸裂。

（4）为防止有毒气体损害健康，在试验过程中应始终开启通风装置。

（5）所用的玻璃注射器密封性应符合要求。

2. 仪器的维护

仪器应定期进行校验，常规检验周期为 1 年。

三、酸值检测仪的使用与维护

（一）仪器的使用注意事项

（1）配制氢氧化钾乙醇溶液。如果乙醇中含有醛，醛在稀碱中会发生缩合反应而使溶液变黄，为此，含醛乙醇必须先经除醛后再使用。

（2）加热煮沸 5min，其目的是使油中的酸性物质完全抽提出来。

（3）方法规定趁热滴定，从停止回流至滴定完毕所用时间不得超过 3min，是因为在室温下空气中的二氧化碳极易溶于乙醇。二氧化碳在乙醇中的溶解度比在水中大三倍，不煮沸驱除乙醇中的二氧化碳、长时间在空气中滴定，都会使试验结果偏高。

（4）酸值滴定至终点附近时，应缓慢加入碱液，估计差一两滴就要到达终点时，改为半滴滴加，以减少滴定误差。

（5）油色很深或仲裁试验酸值时，应用电位差法测定。

（二）仪器的维护

（1）蠕动泵软管易磨损，使用前请仔细检查软管是否有破损、粘连，以免仪器不能正常运转。若有异常建议更换软管。仪器使用完毕，请将蠕动泵的压臂松开，防止蠕动泵软管被压臂长期挤压而造成损伤。

（2）仪器超过三个月不使用，建议用标准酸重新标定一次。

（3）配制萃取液的容器必须干燥，不能有水分，应密封保存。

（4）连续做测试时，可不用清洗试样杯，如隔一段时间再做测试，必须清洗试样杯，而且试样杯要完全干燥后再使用。

（5）做完测试后必须要清洗关机。

（6）仪器应定期进行校验，常规检验周期为 1 年。

四、水溶性酸检测仪的使用与维护

（一）仪器的使用注意事项

1. 蠕动泵

仪器使用完毕后，请将蠕动泵的压臂松开，防止蠕动泵软管被压臂长期挤压而造成损伤。

2. 试验用水

测定试样之前，将去离子（或蒸馏水）水煮沸，去除其中的二氧化碳。

仪器测定过程中，应谨防人体任何部位接触运动部件，以防机械性损伤事故。

（二）仪器的维护

1. 更换指示剂

指示剂溴甲酚绿和溴甲酚紫用尽后取出原瓶，重新更换，再原样装回原位。

2. 更换蠕动泵管

打开仪器上盖，向上拔动蠕动泵的拔杆，即可松动泵管的压板，取下磨损的旧泵管，退出旧泵管上的管箍，套在一根新的泵管上，再把新管原样装回泵体上，用拔杆把泵管压板压回原位。

五、闭口闪点测定仪的使用与维护

（一）仪器的使用注意事项

油品闪点的测定需要在严格的条件下进行，如仪器的形式、油面的高低、升温速度等都必须严格控制。只有按规定的条件进行试验，才能评定油品的质量。测定时应注意：

（1）测试准确性与加入试油的量有关。测定油杯加试油量，要正好到刻线处，否则，油量多闪点结果偏低，油量少闪点结果偏高。

（2）测试准确性与点火用的火焰大小、离液面的高低及停留时间有关。点火火焰长度一定要控制在3～4mm。火焰大则闪点偏低，火焰小则闪点偏高。

（3）严格控制升温速度，不能过快或超慢，加热太快蒸发速度快，使空气中油蒸汽温度提前达到爆炸下限，测定结果偏低；加热速度过慢时，测定时间较长，点火次数多，消耗了部分油蒸汽，推迟了油品闪火温度的时间，使结果偏高。

（4）闪点测定规定试油有水分时要脱水，这是由于加热试油时，分散在油中的水分会气化，形成水蒸气覆盖于液面上，影响油的正常气化，推迟了闪火时间，使测定结果偏高，水分较多的重油和汽轮机油，用开口闪点器测定时，加热至一定温度，油中水分形成泡沫，很容易溢出杯外，使试验无法进行。

（5）闪点测定与压力有关，一般压力高闪点测出高，反之测出值低，故在测定时，应根据当地气压情况，予以补正至标准大气压力。

（6）先用清洗溶剂冲洗试验杯、试验杯盖和其他配件，以除去上次试验留下的所有胶质或残渣痕迹。

（二）仪器的维护

（1）更换试样时油杯应清洗烘干，搅拌器与感温器也应擦拭干净。

（2）闭口闪点测定仪在使用完毕后，应将调节旋钮逆时针调到终点。

（3）保持仪器的清洁，避免仪器受到酸碱、油污、潮湿气体等侵蚀。

（4）依据闭口闪点计量检定规程，闪点测试仪的检定周期为1年。

六、微量水分测试仪的使用与维护

（一）仪器的使用注意事项

1. 卡尔费休试剂状态

卡尔费休试剂有三种状态：过碘、正常、过水。

（1）过碘多出现于更换新电解液以后，颜色呈深棕色，需向电解液内注入微量的水。应少量多次地注入，一次约在5μl，缓慢注入。电解液颜色由深棕色变浅以后，改为一次注入1μl，直至仪器状态出现过水，立即停止注入，让仪器电解到正常状态。

（2）正常状态是可以进样做试验的状态。

（3）过水表明电解液中有多余的水分，此时不能进行试验，仪器会自动电解到正常状态。

2. 电解液的注意事项

（1）在正常的测定过程中，每100ml电解液可与不小于1g的水进行反应，若测定时间过长，电解液的敏感性下降，应更换电解液。

（2）阴极室中的电解液，如果在测定过程中发现释放出强烈的气泡或电解液被污染成淡红褐色，此时空白电流会增大，测量的再现性会降低，还会使到达终点的时间加长，这时应尽快更换电解液。

（3）电解时间超过半小时，仪器尚不能稳定时，停止搅拌，观察陶瓷滤板下部阳极上是否有明显的棕色碘产生，如果没有或产碘很少，则应更换电解液。

3. 测定的注意事项

（1）把样品注入电解池时，液体进样器的针头要插入到电解液中，液体固体气体进样器及样品不应与电解池的内壁及电极接触。

（2）该仪器的典型测定范围是$10\mu g \sim 10mg$，为了得到准确的测定结果，要适当地根据样品的含水量来控制样品的进样量。

（二）仪器的维护

1. 电解液的维护

（1）把电解液存放于干燥器皿中或通风良好、环境温度$5 \sim 25^{\circ}C$、相对湿度不大于75%的地方。电解液若直接经受阳光暴晒或置于高温下，则二氧化硫和碘就会从砒啶中释放出来，导致失效。

（2）由于电解液有毒，应在通风橱内接触电解液。

2. 进样硅胶垫的更换

过久地使用进样旋塞中进样硅胶垫会使针孔变得过大，且无收缩性，使大气中的水分侵入滴定池而产生测量误差，应及时更换。

3. 变色硅胶更换

干燥管内的变色硅胶由蓝色变为浅蓝色时，应更换新硅胶，更换时不要装入硅胶粉末，否则将造成电解池无法排气，而终止电解。

4. 电解池磨口的保养

如果滴定池磨口连接处牢固地黏结在一起，不易拆卸时，请按以下步骤拆卸：

（1）排去滴定池中的电解液，并冲洗干净。

（2）在磨口结合处周围注入少量的丙酮，轻轻地转动磨口处零件，即可拆卸。

（3）如仍不能拆卸，请将滴定池放入 2L 的烧杯中，慢慢加入浓度为 5％的氯化钾溶液浸泡，其示意图见图 3-48。必须十分注意，不要让测量电极、阴极室电极的引线套端头进入液体，浸泡约十几或 24h 后，即可拆卸。

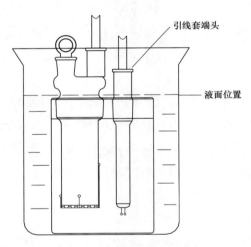

图 3-48　油中微量水分测试仪电解池维护示意图

5. 测量电极的保养

（1）当磁力搅拌器快速转动时，应注意搅拌子可能会跳动而损坏电极。

（2）当放入或取出测量电极时，应停止搅拌，不要使其碰到滴定池的孔壁上。

（3）测量电极弯曲且没有短路时可以用，也可以进行修复。修复时要用镊子夹住铂金电极的根部，慢慢修整电极的顶端。

（4）当测量电极被污染时，可用丙酮对其进行擦拭，如果铂金丝的污染仍不能去掉，可用酒精灯烧铂金丝球端（请注意，将火焰慢慢靠近铂金丝球端，避免因急速加热引起电极玻璃部分炸裂）。

6. 阴极室的保养

（1）要拆卸阴极室时，因为铂金丝和铂金网是从阴极室磨口连接部分的横截面上伸出，应注意不要碰到滴定池的顶端和孔壁。

（2）阴极室受污染可能出现下列情况：

1）电解效率降低，测定时间延长。

2）空白电流增加，滴定速度不稳定，且不能到达终点。

3）陶瓷滤板易吸收水分，使空白电流增加，长时间不能到达终点。

如出现上述情况，可用丙酮清洗玻璃件及铂金网上的污垢，把丙酮装入阴极室，用橡皮塞或类似的东西密封好干燥管的插口，充分摇晃，以除去内部的污垢。

（3）阴极室干燥。由于阴极室中的陶瓷滤板较难烘干，可将阴极室放入约 60℃ 的烘箱内烘干，然后使其自然冷却。

7. 电极插头、插座的保养

测量电极、电解电极的插头、插座因经常活动，会使插头、插座的外侧逐渐松动。长时间使用会使插头和插座及插座的插孔中黏附污垢，使其接触不良，因此要进行清洗修整。

8. 微量水分测试仪的检定

微量水分测试仪的检定周期为 1 年。

七、界面张力仪的使用与维护

（一）仪器的使用注意事项

（1）界面张力仪应安放在无振动、不受日光直接照射、无大的空气流动、无腐蚀性气体、平稳坚固的实验台上。

（2）为保证铂环能完全被液体润湿，试验前应将环和试验杯按要求清洗干净。如果仪器清洗不净或有外界污染物存在，会导致界面张力数值下降。

（3）由于计算时使用了校正系数 F，因此对铂环和试杯的尺寸规格均有严格要求。铂环应保持圆形并与其相连的镫保持垂直。在测量水的表面张力时，应保证铂环浸入水中不少于 5mm；在进行油—水界面张力测量时，加在水面上的油样应保持约 10mm 的厚度。如果过薄，就会使铂环从油水交面拉出时，触及油面上的另一相（空气），给试验带来误差。

（4）为防止试样中存有杂质对试验造成影响，试样应按规定预先进行过滤。试验用水采用中性纯净蒸馏水。

（5）应控制从试样倒入试样杯至油膜破裂的全部操作时间，在1min左右完成。

（6）表面张力是随温度的升高而逐渐减小的，对许多物质来说，温度与表面张力的关系都是直线关系。当温度变化大时，同一油样在不同温度下测出的结果，往往会超出试验精确度要求的范围。为此应取国际通用的在 25℃时测出的结果。

（二）仪器的维护

（1）界面张力仪应保存在干燥的环境中，使用时将界面张力仪放在水平、平稳的台面上，使仪器水平。

（2）开启仪器电源开关，稳定 2min。清洗铂环和玻璃杯。清洗铂环时，先在石油醚中清洗铂金圆环，再用丙酮漂洗，然后以煤气灯或酒精灯的氧化焰火加热、烘干铂环。处理铂环时要特别小心。

（3）仪器长期不用，再开启时，要清理升降台光轴部分的灰尘，并涂抹润滑油。

（4）界面张力仪每隔 3 个月进行一次校准，若使用较为频繁，建议缩短校准周期，校准方式应参照设备出厂说明书。

（5）界面张力仪应每年进行一次检定。

八、绝缘油介损测试仪维护

（一）仪器使用注意事项

（1）通电前仪器必须可靠接地。在试验地点周围，应无电磁场和机械振动的干扰；线路各连接处接触应良好，无断路或漏电现象。

（2）防止高温烫伤，油杯温度较高，使用专用工具提取油杯。注油及排油时注意不要触碰油杯，防止烫伤。

（3）防止人身触电，测试仪器在工作过程中内部有高压，禁止在通电过程中插拔电缆，试验人员在全部试验过程中应有监护人监护。在更换油样时应切断电源，试验人员应站在绝缘垫上进行测试。

（4）因为油品的介质损耗因数与外界的干扰及测量仪器的状况等均有关系，影响因素较多。在测定时必须注意以下几点：

1）试验在温度达到所要求试验温度的＋1℃时，应在10min内开始测量。

2）介质损耗因数对温度的变化很敏感，因此需要在足够精确的温度条件下进行测量。

3）电极工作面的光洁度应达到∇9，如发现表面呈暗色时，必须重新抛光。

4）各电极应保持同心，各间隙的距离要均匀。

5）测量电极与保护电极间的绝缘电阻应为测量设备绝缘电阻的100倍以上，各芯线与屏蔽间的绝缘电阻一般应大于50～100MΩ。

6）测量仪器必须按规定和说明书进行清洁和调整。

7）注入油杯内的试油，应无气泡及其他杂质。

8）对试油施加电压至一定值时，在升压过程中不应有放电现象。

（二）仪器的维护

1. 铂环

圆环平面应与测试杯底面平行，误差不大于1mm，圆环要保证一定圆度。铂环要洁净，可用洗洁精清洗，再用纯水漂洗，然后在酒精灯的氧化焰中加热铂丝至橙红色，置于铂丝环盒内储存。

2. 传感器磁芯

传感器磁芯是工作状态时处于动态的部件，监测动态空间是否顺畅、无障碍。确保磁芯极性正常。

3. 仪器水平调整

张力仪要求样品杯处于水平状态升降运行，日常维护要求地脚调节灵活，无卡涩，水平球灵敏度符合应用要求。

4. 外观清洁

如果仪器的外壳需要清洁，可以使用中性清洁剂进行擦拭。

5. 仪器检定

绝缘油介损及电阻率测试仪的检定周期为 1 年。

九、直流电阻率测试仪的维护

（一）仪器的使用注意事项

（1）测试仪应避开电磁场和机械振动。测试环境应清洁、干燥，无干扰，要防止灰尘、杂质进入油杯。

（2）防止有毒药品损害试验人员身体健康，化学药品要有专人严格管理，使用时应小心谨慎，操作时应戴口罩，切勿触及伤口或误入口中，试验结身束后必须仔细洗手。

（3）避免高温烫伤，加热和烘干过程中不要用手触碰高温物品。

（4）防止人身触电，测试仪器在工作过程中内部有高压，禁止在通电过程中插拔电缆；试验人员在全部试验过程中应有监护人监护；在更换油样时应切断电源，试验人员应站在绝缘垫上进行测试。

（5）温度的影响。一般绝缘油的体积电阻率随温度的改变而变化，即温度升高，体积电阻率下降，反之则增大。因此在测定时必须保持温度恒定在规定值，以免影响测定结果。

（6）绝缘油的体积电阻率与电场强度有关，如同一试油，因电场强度不同，则所测得的体积电阻率也不同。因此，为了使测得的结果具有可比性，应在规定的电场强度下进行测定。

（7）与施加电压的时间有关，即施加电压的时间不同，则测得的结果也不同，应按规定的时间进行加压。

（二）仪器维护

1. 直流电阻率测试仪油杯的清洗

油杯的清洁程度对测定结果有显著影响，测量前，应对油杯进行的清洗，这一步骤非常重要，因为绝缘油对极微小的污染都有极为敏感的反应。因此，必须严格按照下述方法要点进行。

（1）方法一：完全拆卸油杯电极，用中性擦皂或洗涤剂清洗。磨料颗粒和摩擦动作不应损伤电极表面；用清水将电极清洗几次；用无水酒精浸泡各零件；电极清洗后，要用丝绸类织物将电极各部件的表面擦拭干净，并注意将零件放置在清洁的容器内，不要使其表面受灰尘及潮气的污染；将各零部件放入100℃左右的烘箱内，将其烘干。

有时由于油样很多，在测试中往往会一个接一个油样进行测试。此时电极的清洗可简化。具体做法为：将仪器关闭，将整个油杯都从加热器中拿出，同时将内电极从油杯中取出；将油杯中的油倒入废油容器内，用新油样冲洗油杯几次；装入新油样；用新油样冲洗油杯内电极几次，然后将内电极装入油杯。

这种以油洗油的方式大大提高了测量速度，但遇到特别脏的油样或长时间不用时，应完全拆卸油杯电极。

（2）方法二：将电极杯拆开；用化学纯（纯度≥99.5%）的石油醚和苯彻底清洗油杯的所有部件；用丙酮再次清洗油杯，然后用中性洗涤剂漂洗干净；用5%的磷酸钠蒸馏水溶液煮沸5min，然后用蒸馏水洗几次；用蒸馏水将所有部件清洗几次；将部件在温度为105～110℃的烘箱中，烘干60～90min；各部件洗净后，待温度降至常温时将其组装好。

（3）方法三（超声波清洗方法）：拆开油杯；用溶剂冲洗所有部件；在超声波清洗器中用肥皂水将所有部件振荡20min；取出部件，用自来水及蒸馏水清洗；在用蒸馏水振荡20min。

（4）方法四（溶剂清洗法）：拆开油杯；用溶剂冲洗所有部件，更换二次溶剂；先用丙酮，再用自来水洗涤所有部件。接着用蒸馏水清洗；将部件在温度为105～110℃的烘箱中，烘干60～90min。

当试验一组同类没有使用过的液体样品时，只要上次试验过的样品的性能优于待测油的规定值，可使用同一个电极杯而无需中间清洗。如果试验过的前一样品的性能值劣于待测油的规定值，则在做下一个试验之前必须清洗电极杯。

2. 仪器的检定

绝缘油直流电阻率测试仪的检定周期为 1 年。

十、绝缘油击穿电压测试仪的维护

(一) 仪器的使用注意事项

(1) 初次使用应保证试样杯干燥干净，不能有污染物附着。

(2) 试验前应用被测试样清洗试样杯至少两次。

(3) 试样应没过电极上边缘不少于 10mm。

(4) 用标准塞尺检查电极间距是否为 2.5mm。

(5) 试验时须将试样杯的盖子改好。

(6) 倒入试样杯的试样应在最短的时间内进行测试。

(二) 仪器的维护

(1) 测定仪应每年进行一次校准。

(2) 外壳必须可靠接地。

(3) 试样杯在不进行测试时应用干净的试样油浸泡；不能使电极长时间暴露在空气中。

(4) 电极出现凹坑或长时间暴露在空气中时，应用细砂纸打磨并抛光，用 GB/T 507 中的方法清洗后，须进行 24 次击穿钝化后方可使用。

(5) 油杯在清洗后，须 60℃下连续烘干 4h。

十一、倾点、凝点测定仪的维护

(一) 仪器的使用注意事项

(1) 要严格控制冷却速度，在盛油的试管外再套以玻璃套管，其作用是控制冷却速度，因为隔一层玻璃套管，传热就慢一些，保证试管中的试油较缓和均匀的冷却，能更好地保证测定结果的准确性。

(2) 试油做一次试验后，要重新预热至（50±1）℃，目的是将油品中石蜡晶体溶解，破坏其结晶网络，使油品重新冷却和结晶，而不至于在低温下停留时间过长。

（3）控制冷却剂的温度，比试油预期凝点低 7～8℃，保持这一温差，能使试油在规定冷却速度下冷却到预期的凝点。如冷却剂温度比预期凝点低不到 7～8℃时，往往会拖长测定时间，使测量结果与真实凝点倾点偏差较大。

（4）测凝点的温度计在试管内的位置必须固定牢靠。若固定的不稳，温度计在试管内活动，会搅动试油，从而阻碍了石蜡结晶网络的形成，使测得结果偏低。

（5）无水乙醇冷却液使用注意事项。

1）由于仪器制冷极限一般为－80℃，目前只能用无水乙醇作为冷浴冷却液。

2）常温时加入乙醇到规定高度刻线。

3）长时间不使用仪器，将乙醇排出。

4）当乙醇低温浑浊时，应更换乙醇。

（6）样品按试管上的刻度加入，过多或过少的样品都会影响测试结果。

（7）注意电击危险：要保证仪器主机外壳接地良好。拆卸仪器之前，必须切断仪器总电源开关，拔掉电源插头，否则有触电危险。

（8）仪器关机时，必须先关仪器前面的电源按钮，等压缩机停止后，仪器自动关闭，然后再关闭仪器后部的电源按钮。

（二）仪器的维护

（1）不可将水压开关短路使用，防止在无水状况下启动倾点凝点测定仪制冷而烧坏冷板。

（2）凝点倾点测定仪清洗时只能用待测油样进行冲洗，用一段时间后，如果油杯及油管壁挂油污，可用除油剂清洗油污。

（3）实验过程中，不要转动试管机旋转机构，否则会造成仪器故障或设备损坏。

（4）凝点倾点测定仪每测试一次油样后，应该在冷芯本身及周围保温材料温度回升到比凝点高 10℃左右时再注入油样，进行第二次试验，尤其是刚做完低凝点的油后又要做高凝点油的试验时，更要注意冷芯温度的回升。

（5）长期使用，若发现电磁阀关闭后油嘴仍然有漏油现象，应马上更换电磁阀上的油堵橡胶，否则将会影响倾点凝点测定仪制冷效果及测试精度和重复性。

（6）测定仪应每年进行一次校准。

十二、运动粘度测定仪的维护

（一）仪器使用注意事项

（1）安装粘度计时应和检测单元模块配合，通过调节检测单元模块高低来进行安装。

（2）恒温浴缸为玻璃制品，安装时应轻拿轻放，安装之前请在底座上粘贴海绵之类的柔软垫片，防止浴缸撞击金属壳体。

（3）每次使用之前请检查各个软管的连接是否严密，发现软管老化开裂应及时更换。

（4）每次向恒温浴缸内加注液体时应注意，一定确保浮漂开关完全上浮，液体应完全浸没加热棒的加热区域。

（5）每次实验之前确保粘度计干燥清洁。

（二）仪器的维护

1. 仪器周期检定及要求

一般来说运动粘度的检定周期为1年。仪器使用者可视各自企业单位的使用情况，请技术监督局定期对仪器进行检定。

2. 外观清洁

如果仪器的外壳需要清洁，可以使用中性清洁剂进行擦拭。

十三、颗粒度分析仪的使用与维护

（一）仪器的使用注意事项

正确的维护仪器不仅能够使仪器始终处于正常工作状态，还能延长仪器的使用寿命。使用、维护仪器时必须注意：

（1）油样检测必须排除水的影响，哪怕油样中混入一滴水，都会导致油样检测结果的混乱。

（2）如果样品中含有铁磁性颗粒，铁磁性颗粒会在磁力搅拌器的磁场作用下快速沉降，从而影响检测结果。磁场隔离片是一个直径约 65mm 的圆钢片，使用时将其直接放置至检测台上即可。磁场隔离片可以起到屏蔽磁力搅拌器的磁场作用，防止样品中的铁磁性颗粒快速沉降。

（3）油样取样时必须采用处理干净的（清洗、烘干）专用样品瓶，禁止采用纯净水或矿泉水瓶，以防混入水，影响检测结果。

（4）如果检测不同基质的样品，应采用下述清洗方法进行置换：

1）先检测水基质样品，再检测油基质样品时，应采用：水→异丙醇→石油醚的清洗过程，再进行油基质样品的检测。

2）如先检测油基质样品，再检测水基质样品时，应采用：石油醚→异丙醇→水的清洗过程，再进行水基质样品的检测。

（二）仪器的维护

1. 仪器周期检定及要求

依据颗粒度分析仪计量检定规程，一般来说颗粒度分析仪的检定周期为 1 年。仪器使用者，可视各自企业单位的使用情况，请技术监督局定期对仪器进行检定。

2. 颗粒度分析仪的保养

清洗操作特别重要．每次开机后，每检测完一个样品，关机前，都必须使用洁净的石油醚进行清洗操作。石油醚沸程是 90～120℃。

3. 注射器试漏检查

所用 10mL 注射器应观察其是否正常，有无漏气情况。

十四、油泥析出测定仪使用与维护

（一）仪器的使用注意事项

（1）仪器外壳必须可靠接地。

（2）测试过程中涉及正戊烷（极易燃，蒸汽会造成着火）、95％乙醇（易燃）、甲苯（易燃，蒸汽有害）、甲苯—乙醇混合液（易燃）等有机溶剂挥发性大，注意保持试验环境通风。

（3）测试前注意清空废液瓶，测试过程中防止废液瓶内废液超过 2/3 位置。

（4）连接试剂管路保持密封良好，测试前去除双耳瓶塞密封胶帽。测试完成后，注意试剂保管，防止试剂挥发。

（5）测试完成后，注意切断电源，用胶帽密封仪器管路连接接口。

（二）仪器的维护

1. 仪器周期检定及要求

一般来说运动粘度的检定周期为 1 年。仪器使用者，可视各自企业单位的使用情况，请技术监督局定期对仪器进行检定。

2. 外观清洁

如果仪器的外壳需要清洁，可以使用中性清洁剂进行擦拭。

第四章
SF₆气体检测设备及维护

第一节 SF₆气体检测设备

一、SF₆气体湿度检测仪

（一）SF₆气体湿度简介

无论是 SF₆新气或 SF₆电气设备中的运行气体，不可避免地都含有微量的水分。水分在 SF₆气中是极有害的杂质，可能引起一系列严重问题：

（1）水分是引起化学腐蚀的主要因素。SF₆在常温下是非常稳定的，但有水分存在时，假如在电弧的高温作用下 SF₆气体发生分解，这时硫和氟是以单原子状态存在的。但这些单原子状态的物质又会在消弧后的瞬间（10^{-5}s 内）大部分迅速复合成 SF₆分子。但在此复合过程中，也可能有极少部分的分解物与电极材料或系统中存在的水分、空气等杂质发生反应而不能恢复原状。当 SF₆气体中水分较多时，温度在 200℃以上，SF₆就有可能产生水解生成腐蚀性极强的 HF；SO_2 遇水即生成 H_2SO_3，也具有较强的腐蚀作用。

（2）水分含量的多少能极大地影响 SF₆在电弧作用下分解的组分和含量。水分对绝缘也有一定的危害，通常气体中混入的水分是以水蒸气态存在，但当温度降低时可能凝结成露水，附在绝缘件表面，因此可能产生沿面放电而引起事故。

湿度是指气体总水蒸气的含量。测定 SF₆气体湿度的方法大致有用仪器测量和经典的重量法测量两类。

（二）SF₆气体湿度检测的基本原理

根据 DL/T 596 规程规定，湿度应按 GB/T 12022《工业六氟化硫》、SD 306—89《六氟化硫气体中水分含量测定法（电解法）》和 DL 506《现场 SF₆气体水分测定方法》进行测量。其测量方法有重量法、电解法、露点法、阻容法、压电石英振荡法、吸附量热法和气相色谱法等，其中重量法是国际电工委员会推荐的方法，而电解法和露点法为现场常用的测量方法。

　　使用仪器进行含水量测定既简便、快速又准确度较高，而且基本不受外界条件的影响，因此一般实验室和现场采用此法。按照所用仪器原理的不同可分为露点法、电解法和阻容法等。

　　1. 重量法

　　经典的重量法对环境条件要求高（实验室需恒温、恒湿等），测量时间长、耗气多，所以一般实验室不作为常规方法采用，而只作为标准方法或作仲裁方法用。

　　重量法测量 SF$_6$ 气体湿度是应用高氯酸镁吸收气体中的水分，在通过一定量的 SF$_6$ 气体后，称量恒重后的高氯酸镁增量，计算 SF$_6$ 气体的湿度质量比。

　　2. 电解法

　　电解法是目前广泛应用的微量水分测量方法之一，它不仅能达到很低的量限，更重要的是它是一种绝对测量方法。目前根据电解法原理制作的 SF$_6$ 湿度测量仪应用相当普遍。电解法的原理是：

　　（1）测量原理。电解法湿度计的敏感元件是电解池，它的测量原理是法拉第电解定律。众所周知，法拉第定律由两个定律组成：1）在电流作用下，被分解物质的量与通过电解质溶液的电量成正比；2）由相同电量析出的不同物质的量与其化学当量成正比。

　　根据法拉第第二定律，析出任何 1mol 物质所需的电量为 96485C，所以可以用消耗的电量计算电解的物质量。在 SF$_6$ 气体湿度测量中，被电解的物质是水，测量特点是当被测气体连续通过电解池时，其中的水汽被涂敷在电解池上的五氧化二磷膜层全部吸收并电解。在一定的水分浓度和流速范围内，可以认为水分吸收的速度和电解的速度是相同的。也就是说，水分被连续地吸收，同时连续地被电解。瞬时的电解电流可以看成是气体含水量瞬时值的体现。这种湿度测量方法要求通过电解池的气体的水分必须全部被吸收，测量值是与气体流速有关的。因此测量时应有额定的流速并保持恒定，由测量气体的流速和电解电流可测知气体湿度。

　　（2）定量基准。由于法拉第电解定律指出电解 1mol 物质所消耗的电量是一个常数，依据法拉第定律和气体方程可求出电解电流与气体含水量之间的关系式。将被试的 SF_6 气体导入电解池，气样中的水分即被吸收并电解，由电解水分所需电量与水分之间的关系，可求出 SF_6 气样中的水分含量。

3. 露点法

根据露点温度的定义，用等压冷却的方法使气体中水蒸气冷却至凝聚相出现，或通过控制冷面的温度，使气体中的水蒸气与水（或冰）的平展表面呈热力学相平衡状态。准确测量此时的温度，即为该气体的露点温度，测量气体露点温度的仪器叫作冷镜露点仪（简称露点仪），露点仪的主要检测部件是冷凝镜（测量镜）。

4. 阻容法

阻容露点仪是根据水蒸气与氧化铝的电容量变化关系而设计的，氧化铝传感器由铝基体、氧化铝和金膜组成。将铝丝或铝片放在酸性水溶液中，通过交流氧化即成具有与湿度相关的氧化铝薄膜，湿度与氧化铝的阻容量呈相关变化。通过测量阻容变化计算湿度的测试仪器称为阻容露点仪。

（三）检测设备

1. 电解法湿度检测仪

（1）工作原理。采用 GB/T 58321 中的原理，气样流经一个具有特殊结构的电解池时，其中的水蒸气被池内作为吸湿剂的 P_2O_5 膜层吸收、电解。当吸收和电解过程达到平衡时，电解电流正比于气样中的水蒸气含量，这样可通过测量电解电流得到气样的含水量。

根据法拉第电解定律和气体状态方程式，可导出电解电流 I 与气样湿度 U 之间的关系式：

$$I = \frac{QpT_0FU \times 10^4}{3p_0TV_0}$$

式中　Q——气样流量，mL/min；

　　　p——环境压力，Pa；

F——法拉第常数，96485C；

U——气样湿度，$\mu L/L$；

p_0——标准大气压，101.325kPa；

T——环境温度，K；

T_0——临界绝对温度，K；

V_0——摩尔体积，22.4L/moL。

（2）仪器构成。电解式湿度检测仪如图4-1所示。

1）电解法湿度检测仪的测量范围$0\sim1000\mu L/L$，测量精度$\leqslant\pm10\%$。

2）四通阀。

3）干燥管：2支内径30mm，长250mm的不锈钢管，分别装填硅胶、5分子筛。

4）皂膜流量计。

5）分度为1/10的秒表。

6）干燥塔：2个干燥塔，分别装填硅胶、氯化钙。

7）微量气体流量计。

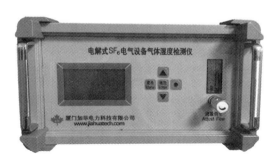

图4-1　电解式湿度检测仪

（3）操作步骤。

1）按图4-2连接好测量装置，SF_6气瓶需倒置，系统应不漏气。

2）流量计标定。根据仪器的工作原理测量时，流量应准确并稳定，仪器上安装的浮子流量计应用皂膜流量计进行标定。

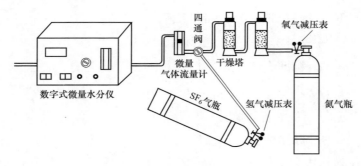

图 4-2　湿度测定装置示意图

3）干燥电解池。由于电解池极易受潮，所以对于新仪器（包括重新涂敷的电解池）或长期停用的仪器，在测量前应用干燥气体（可用高纯氮气）进行吹扫，使之达到规定的要求。

4）测量本底数值。

5）样品测量。根据被测气体湿度的大小，选择相应的量程挡。

准确调节仪器上测试流量计的流量，待指示稳定后记下测量值 m_2（在测量过程中尾气需排至室外）。

6）结果计算。

按下式计算 SF_6 气体湿度：

a. 以 $\mu L/L$ 表示的气体湿度。

$$A = m_2 - m_1$$

式中　A——SF_6 气体湿度，$\mu L/L$；

　　　m_1——本底值，$\mu L/L$；

　　　m_2——样品测量值，pL/L。

b. 以 $\mu g/g$ 表示的气体湿度。

$$A = 0.123(m_2 - m_1)$$

式中　A——SF_6 气体湿度；

　　　m_1——本底值，$\mu L/L$。

（4）操作注意事项。根据电解式水分仪的测量原理及定量基准，电解式水分仪的定量和气体流速有关，因此要求测试气体应有额定的流速，并在主测试过程中保持流速恒定。在测量时，流量准确与否将直接影响测量结果。电解式水分仪在测试前要求对流量计进行校准，当检测对象是 SF₆ 气体时，可用皂膜流量计准确标定 SF₆ 气体的流量，绘制流量计浮子高度与气体流量的关系曲线，供测试时调节 SF₆ 气体流速用。

电解式水分仪的定量校准一般在标准状态下进行，被测气体压力为 0.1MPa，环境温度为 293K。

考虑到仪器在使用环境温度和压力偏离仪器设计温度和标准大气压时（如高海拔地区使用），会引入测量误差，可以用调节气体流量的方法来补偿环境温度和大气压力偏离设计值带来的测量误差。具体方法可以采用下面的公式进行流量修正：

$$q_V = \frac{P_0 T_a}{P_a T_0} \cdot q_V'$$

式中　　q_V——校正后气体的流量，mL/min；

　　　　P_0——标准状态压力，0.1MPa；

　　　　T_0——标准状态温度，273.15K；

　　　　P_a——环境压力，Pa；

　　　　T_a——环境温度，K；

　　　　q_V'——流量计测量的流量。

在测量前，如果电解池非常潮湿，就不能使用电解式水分仪进行测量，必须对电解池进行干燥处理。可以用较小的流量，如 20ml/min，通干燥的高纯氮气干燥电解池。要求达到仪器闭气表头指示在 5×10^{-6}（体积分数）以下，方可进行测量。由于电解法湿度检测仪不可避免地存在 SF₆ 本底值，测试前还要测量仪器的本底，方法是：控制阀仍处于"干燥"档，将气源置换为 SF₆ 气体，继续干燥电解池到表头显示稳定在 5×10^{-6}（体积分数），此时将"测试"流量调到仪器要求的值（如 100ml/min），有旁通气路的话，旁通流量调到 1L/min 左右，测量干扰量稳定值作为仪器本底值。

电解池干燥后且仪器本底值（电流）测试完毕，即可开始测量。将控制阀由"干燥"切换至"测量"，准确调节测试流量和旁通流量至仪器要求值，读取仪器稳定值作为测量结果。

2. 冷凝露点法湿度检测仪

（1）工作原理：使被测气体在恒定压力下，以一定流量流经露点仪测量室中的抛光金属镜面，该镜面的温度可人为地降低并可精确地测量。当气体中的水蒸气随着镜面温度的逐渐降低达到饱和时，镜面上开始出现露（或霜），此时所测得的镜面温度即为露点。用相应的换算式或查表即可得到用体积比表示的湿度。

露点仪可以用不同的方法设计，主要的不同在于金属镜面的性质、冷却镜面的方法、控制镜面温度的方法、测定温度的方法以及检测出露的方法。常见的露点仪可以分为目视露点仪和光电露点仪两大类。

露点仪的优点是精度高，尤其在采用半导体制冷和光电检测技术后，不确定度甚至可达 0.1℃；校准周期长，稳定性好。而它的缺点：响应速度较慢，尤其在露点－60℃以下时，平衡时间甚至达几个小时。在夏季环境温度很高的情况（35℃以上）下，测量湿度较低的气体有可能出现仪器制冷量达不到要求的情况，即镜面温度已无法下降，但镜面却始终没有结露。而且此方法对样气的清洁性和腐蚀性要求也较高，否则会影响光电检测效果或产生伪结露，造成测量误差。

（2）仪器构成。由露点法的测试原理可知，一般的露点仪的测试系统主要分为金属镜面、制冷系统、测温系统、光电系统等，其外观如图 4-3 所示。

图 4-3　冷凝露点法湿度测试仪（露点仪）外观

1）制冷技术。自动热电制冷也就是半导体制冷，其原理是利用帕尔贴效应，也就是电偶对的温差现象。目前，广泛应用的电偶对是由铋碲合金与铋硒合金组组成的 N 型元件以及由铋碲合金组成的 P 型元件。冷堆由适当数目的制冷元件（N-P 电偶对）按串、并的方式连接，利用多级叠加可以获得不同程度的低温。如二级叠加可以达到－40～－45℃，三级叠加可以达到－70～－80℃，一般不宜超过三级叠加。

2）露点镜温度的测量。现代的露点仪镜面温度的测量一般采用热电偶、热敏电阻、铂电阻。测量露点温度有两个最基本的要求：①露点温度测量与结露时间的一致性，测量值与真实露点温度的偏差要小；②测温元件安放点的温度应与镜面温度一致，两处的温度梯度要小。

3）光电凝露状态监控。现代露点仪大部分采用光电系统来确定露点的生成。光电检测系统主要包括一个稳定的光源和反射光的接收系统（包括光敏元件和电桥）。来自光源的平行光照到镜面上被镜面反射，反射光可以用光电管式光敏元件接收。在镜面结露之前，只要光源足够稳定，入射光和反射光的光通量基本是稳定的。当镜面上出现露点时，入射光发生散射，光接收系统接收的光量就减小，光的散射量大致和露层的厚度成正比。利用光敏元件作为惠斯顿电桥的一臂，可以检出光的变化。

在露点出现前，惠斯顿电桥处于不平衡状态，电桥信号输出控制半导体制冷器的制冷电流；当露点出现时，电桥达到平衡，半导体制冷器停止制冷或反向加热，使镜面温度自动保持在露点附近。

（3）操作步骤。

1）连接好待测设备的取样口和仪器进气口之间的管路，确保所有接头处均无泄漏。

2）调节待测气体流量至规定范围内。由于气体露点与其流量没有直接关系，所以流量不做严格要求，按说明书要求控制在一定范围内即可。

3）对光电露点仪，打开测量开关，仪器即开始自动测量。待观察到镜面上的冷凝物或出露指示器指示已出露，且露点示值稳定后，即可读数。

二、SF₆分解产物检测仪

（一）SF₆分解产物简介

SF_6 具有良好的绝缘特性和灭弧特性，所以在正常条件下，是一种很理想的介质。但是，当 SF_6 绝缘电气设备内部出现电弧放电、火花放电和电晕放电或局部放电时，SF_6 气体将发生分解。

在 SF_6 电气设备内，促使 SF_6 气体分解的放电形式以放电过程中消耗能量的大小分为电弧放电、火花放电和电晕放电或局部放电三种。在正常操作条件下，断路器开断产生电弧放电，气室内发生短路故障也产生电弧放电。放电能量与电弧电流有关。火花放电是一种气隙间极短时间的电容性放电，能量较低，产生的分解产物与电弧放电产生的分解产物有明显差别。火花放电常发生在隔离开关开断操作中或高压试验中出现闪络时。电晕放电或局部放电的产生，是由于在 SF_6 气体绝缘电气设备中，当某些部件处于悬浮电位时，会导致电场强度局部升高，此时设备中的金属杂质和绝缘子中存在的气泡导致的。长时间的局部放电或电晕放电逐渐使 SF_6 分解，导致气室内腐蚀性分解产物的积累。局部放电是一个连续的过程，在气室中形成的分解产物的量与放电时间成正比。

以电弧放电为例，在电弧高温作用下其分解物产物主要有 SO_2F_2、SOF_2、SO_2、H_2S、CO、CF_4、H_2、HF、COS、CS_2 以及其他低氟化合物等。其中，SO_2、HF 为 SF_6 气体分解的特征组分，H_2S 为固体绝缘材料分解的特征组分，CO 为绝缘纸、绝缘漆等有机材料分解的特征组分。故通过特征分解产物 SO_2、H_2S、CO、HF 检测，可基本诊断设备状态。

（二）SF₆分解产物检测的基本原理

分解产物常用的分析方法有：电化学传感器法、化学检测管法、气相色谱法、色谱—质谱联用法、红外分光光度计法、色谱—红外联用法及发射光谱法等。

1. 电化学传感器法

电化学传感器是使用传感器电极与被测气体发生反应，产生与气体浓度成正比的电信号的原理来工作的。

相比于其他方法，电化学传感器法具有响应速度快、操作简单等优点，但也存在缺陷，例如交叉干扰、零漂及温漂、寿命不长等，因而在实际应用时须定期校准检测仪器。目前现场应用较多的传感器主要为 SO$_2$ 气体传感器、H$_2$S 气体传感器、CO 气体传感器和 HF 气体传感器，但 HF 缺乏标准气体，其定性和定量存在一定的困难。

2. 化学检测管法

化学检测管法是检测人员从高压电气设备中直接获得一定量的 SF$_6$ 气体，分别通过 SO$_2$ 和 HF 检测管。这些分解产物会在检测管中产生化学反应，改变试剂颜色，检测人员可根据变色柱的长短，定量地读出 SF$_6$ 气体中 SO$_2$ 和 HF 的浓度。检测管可以用来测定 SF$_6$ 气体中的多种杂质组分，如 O$_2$、CF、SO$_2$、CO$_2$、HF、SOF$_2$、S$_2$OF$_2$ 等。目前具有实用价值的是 HF 检测管和 SO$_2$ 检测管，其检测下限分别为 $1.5 \times 10^{-6} \mu L/L$ 及 $0.1 \times 10^{-6} \mu L/L$。

检测管的原理是利用所要测定的样品气与检测管内填充的化学物质发生反应，使检测管内指示剂发生颜色改变来检出待测组分。如某种 HF 气体检测管是在玻璃管内填充硅胶载体，载体上涂上氢氧化钠和酸碱指示剂，当 HF 与氢氧化钠发生中和反应后，酸碱指示剂发生颜色改变，由浅蓝色变为浅红色。而 SO$_2$ 检测管可在玻璃管内填充氧化铝载体，载体上涂有氯化钡和 pH 指示剂，测定时 SO$_2$ 与氯化钡发生反应，生成的 HCL 与 pH 指示剂发生作用，使其颜色发生改变。可以根据变色层顶端的刻度读取待测组分的浓度。

这种方法检测简便、量程范围大、快速经济、携带方便，在现场检测中应用较广。但由于检测精度低，存在交叉干扰，一般用于粗测，以初步估测气体含量范围。

3. 红外分光光度分析法

SF$_6$ 及其分解产物在 $2 \sim 20 \mu m$ 的红外光区有明显的吸收光谱，使用色散型红外分光光度计或傅里叶变换红外分光光度计，将记录到的图谱与参照图谱比较，可以直接检测 SF_6 中分解物的存在及含量。由于在实际使用中存在很多干扰测试的因素，如 SF_6 及其他组分（如水分、氧气等）对红外吸收峰的干扰，致使识谱发生困难。对此可利用气相色谱—红外联用法来解决。先应用色谱的分离手段对分解产物进行分离，再用红外对其进行定性、定量分析。

4. 气相色谱-质谱联用分析

气相色谱-质谱联用分析是将样品先经色谱进行分离，然后由质谱鉴定。质谱分析的工作原理是将被分析的物质用一定方式电离形成多种特定组分的离子，再将其聚成离子束，经加速后通过电（磁）场，根据各种离子的质荷比（M/e）不同而分别将其检出。通过标准谱图和离子组成特点进行谱图分析，达到定性、定量检测的目的。此方法具有精确可靠、灵敏度高、用途广等优点。由于采用了电子轰击分子产生离子的方法，在谱图上将出现一些分子碎片离子，不易确定是放电分解产物还是电子轰击产物，给定性造成一定的困难。此类仪器价格昂贵，不便于现场使用。

（三）检测设备

本书主要介绍常见的电化学法分解物检测仪。

1. 工作原理

大多数电化学气体传感器是电流传感器，产生与气体浓度成线性比例的电流。气体首先通过毛管型微孔被传感器捕获，然后经憎水屏障到达电化学传感电极表面。针对被测气体而设计的电极材料可催化气体与电极反应。连接电极间的电阻会产生电流，该电流与被测气体体积分数成正比。测量该电流或相应的电压信号便可确定气体的体积分数。

2. 仪器构成

电化学法 SF_6 分解物检测仪外观如图 4-4 所示。电化学 SF_6 分解物检测仪包括以下部分：

（1）电化学传感器：SO_2 传感器、H_2S 传感器、CO 传感器、HF 传感器。

（2）电磁阀，切换气路（SO_2 具有大小量程设置）。

（3）稳压阀、比例阀、微量气体流量计。

（4）单片机及信号读取电路。

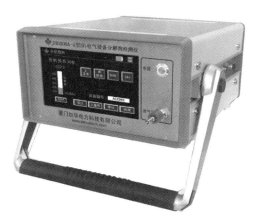

图 4-4　电化学法 SF₆ 分解产物检测仪外观

三、SF₆ 气体纯度检测仪

（一）SF₆ 气体纯度简介

SF₆ 气体纯度直接影响其绝缘性能。GB/T 12022《工业六氟化硫》中要求 SF₆ 新气的合格指标为 99.9%（质量分数）。DL/T 596《电力设备预防性试验规程》中规定，运行中设备的 SF₆ 纯度应≥97%（质量分数）。SF₆ 新气中的杂质组分主要为空气、CF₄ 以及其他氟化物。运行中的设备 SF₆ 纯度下降，主要是充气过程中带入空气。随着 SF₆ 生产工艺提升，新气中的 CF₄ 及其他氟化物含量正常情况下远低于 GB/T 12022《工业六氟化硫》中的要求。所以现场检测时，可以把杂质组分近似为空气。

（二）SF₆ 气体纯度检测原理

纯度是指用体积分数或质量分数表示的 SF₆ 气体在混合气体中占的比率。测定 SF₆ 气体纯度的方法大致有色谱法、热导法以及红外光谱法。

1. 色谱法

色谱法是利用惰性气体（载气）为流动相，以固体吸附剂或涂渍有固定液的固体载体为固定相的柱色谱分离系统，配合检测器检出被测气体中的杂质组分，从而得到 SF_6 的纯度，多用于实验室检测 SF_6 新气，可检测 GB/T 12022《工业六氟化硫》中规定的 SF_6 纯度、空气、CF_4、C_2F_6、C_3F_8 等组分。色谱法具有检测范围广，定量准确等特点，但需要惰性气体作为载气，操作相对复杂。对 C_2F_6、硫酰类组分分离效果差。

2. 热导法

热导法利用 SF_6 气体以一定流速通过带温度补偿的微型热导池，根据 SF_6 在热传池传热系数变化，进行 SF_6 气体含量的定性和定量测试。热导法通常用于现场便携仪器，具有响应快、操作简单、重复性好等特点。

3. 红外光谱法

红外光谱法又称为傅利叶红外法，即利用 SF_6 气体在特定波段的红外光吸收特性，对 SF_6 气体进行定量检测，可检测出 SF_6 气体的含量，红外激光法的测量原理类似。红外光谱法的主要特点是受环境影响小、使用寿命长。可靠性高、不与其他气体发生交叉反应。

（三）检测设备

本书选取常见的热导法检测仪进行介绍。

（1）工作原理。不同纯度的 SF_6 具有不同的热导系数。当被测气体流过检测气时，检测器表面的电阻值发生改变，在检测器上串接一个恒流源，当电阻值改变后其两端的电压发生改变，检测电压即可知 SF_6 气体纯度。

（2）仪器构成。SF_6 纯度检测仪外观如图 4-5，其主要构成包括：

1）热导传感器测量范围 $0 \sim 100\%$，测量精度 $\leqslant \pm 0.2\%$（质量分数）。

2）恒温控制模块。

3）A/D 采集模块及单片机。

4）稳压阀、比例阀及微量气体流量计。

（3）操作步骤。

1）准备工作。

a. SF_6 气体检测仪器可靠接地，开机自检进行预热，检查仪器电量。

b. 连接 SF_6 尾气回收中转袋。

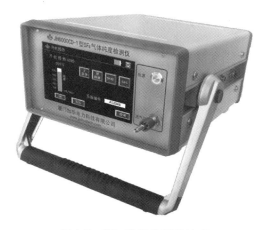

图 4-5　SF$_6$ 纯度检测仪外观

2）设备气室测试。

a. 正确选取转接头，连接仪器至被测气室取气口。观察仪器显示流量是否正常。

b. 分别对转接头与被测气室取气口及导气管检漏。

c. 开始检测，测试数据稳定后，记录检测结果。检测过程中注意观察被测设备气室压力。

d. 检查取气口处是否有 SF$_6$ 气体泄漏，恢复被测气室至开工前状态，记录测试后被测气室压力。

e. 逐级关闭阀门，拆除管路、接头等，关闭仪器并拆除接地线。

3）检测结束。检测结束时，检测人员整理仪器、工器具，清理现场恢复试验前的状态。

四、SF$_6$ 综合检测仪

SF$_6$ 综合检测仪可同时检测 SF$_6$ 气体的湿度、纯度以及特征分解产物，提高现场工作效率。

（一）露点法 SF$_6$ 气体综合检测仪

露点法 SF$_6$ 气体综合检测仪的原理与第四章第一节中关于 SF$_6$ 气体温度、分解产物、纯度检测原理内容相近，此处不再重复。

（二）阻容法 SF₆ 气体综合检测仪

1. 检测原理

（1）阻容法检测 SF₆ 气体湿度。阻容湿度传感器主要由电极、感湿材料和电极基地等几部分组成。其中上层电极有特殊的传导材料制作，能保证水分子通过，同时有保护湿敏材料不受灰尘、油污或导电粒子的影响。常见的电极基地材料为玻璃或硅，主要用来支撑传感器的结构。感湿材料一般为氧化铝或高分子火线聚合物薄膜，能够吸收水蒸气，并达到动态平衡，气电参数如电容、电阻、介电常数或者频率等与被测体系中水蒸气含量具有某种直接或间接的函数关系，测量系统测量湿敏元件电参数的变化，并换算成相应的露点值。部分厂家的传感器在上电的前 5～7min，对传感器加热以蒸发传感器表面的油膜及水分，同时进行自校零。这段时间内，传感器会锁定输出露点信号。高分子薄膜传感器相对氧化铝传感器具有漂移小、响应快等特点。氧化铝传感器则具有到更大的检测范围（20～－100℃）。检测量程越低，则响应时间越长。阻容传感器结构如图 4-6 所示。

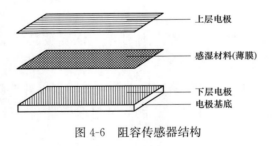

图 4-6　阻容传感器结构

（2）热导法检测 SF₆ 气体纯度。不同纯度的 SF₆ 具有不同的热导系数。当被测气体流过检测器表面时，检测器电阻值发生改变，在检测器上串接一个恒流源，当电阻值改变后其两端的电压发生改变，检测电压值即可知 SF₆ 气体纯度。

（3）电化学法检测 SF₆ 气体分解产物。电化学法检测原理在第四章第一节的原理相近，此处不再重复。

2．检测设备

SF₆气体综合检测仪外观如图 4-7 所示。仪器由以下部分构成：

1）镜面传感器，由金属镜面、制冷系统、测温系统、光电系统组成。

2）热导传感器，由热导检测仪和温控模块组成。

3）电化学传感器，由 SO_2（大小双量程）、H_2S、CO、HF 传感器及气路切换模块组成。

4）稳压阀、比例阀、微量气体流量计。

5）单片机及信号读取电路。

图 4-7　SF₆气体综合检测仪外观

第二节　气体检测设备维护

一、SF₆湿度检测仪的维护

1．仪器的使用注意事项

（1）流量的控制。被测气体的温度通常是室温，因此当气流通过露点室时必然要影响体系的传热和传质过程。当其他条件固定时，加大流速将有利于气流和镜面之间的传质。特别是在进行低霜点测量时，流速应适当提高，以加快露层形成速度，但是流速不能太大，否则会造成过热问题。

这对制冷功率比较小的热电制冷露点仪尤为明显。流速太大还会导致露点室压力降低，流速的改变又将影响体系的热平衡。所以在露点测量中选择适当的流速是必要的，流速的选择应视制冷方法和露点室的结构而定。一般的流速范围在 0.4～0.7L/min 之间。为了减小传热的影响，可考虑在被测气体进入露点室之前进行预冷处理。

对于冷凝式露点仪，取样管线和测量室的温度至少应高于待测气体的露点温度 2℃，最好高 5～10℃。

（2）干扰物质。

1）固体杂质及油污。绝对不溶于水的固体杂质不会改变气体的露点，但会妨碍对出露的观测。在自动仪器中，对于镜面污染如果没有采用补偿装置，在低露点测量时，可能会因镜面上附着固体杂质使测得的露点值偏高，这时需用适当溶剂对镜面进行人工清洗。为了防止固体杂质的干扰，最好在仪器入口设置不吸附水分的过滤器。如果被测气体中有油污，应在气体进入测量室前除去。

2）以蒸汽形式存在的杂质。如果气体中以蒸汽形式存在的杂质（如烃类）会先于水蒸气而结露，或者气体中含有能与水共同在镜面上凝结的物质（如甲醇），则必须先采取措施除掉。如烃类的露点低于水蒸气的露点，则不会影响测定。通常在 SF_6 的测定中，不需考虑蒸汽杂质干扰。

（3）冷壁效应。除冷镜外，仪器其余部分和管道的温度应高于气体露点至少 2℃，否则水蒸气将在最冷点凝结，从而改变气体样品中的水分含量。

（4）对于冷镜式露点仪，采样气路可以使用直径 6mm 的不锈钢管或尼龙管。排气管的长度标准为 2m，可以适当延长，但是必须保证气路畅通，使传感器测试室内保持为一个大气压。原则上引入管应该垂直向上，测试室位于最高点。

（5）当检测室内的气体压力不是一个大气压时，露点仪所显示数值是检测室内的压力下的露点。但是在实际生产中所需要的是正常大气压下的露点，所以当放气管的气阻过大时，会使检测室内压力过高而引起误差。

当主管道中的压力较大时，应该用导气管引出，使压力降低到正常后再引入检测室。

2. 仪器的维护

（1）若露点仪在运行过程中有任何问题，可进行以下测试：①关闭仪器开关，检查仪器读数指针是否完全在零点，若不是，调节仪器使读数回零；②将仪器开关转到电池检查档，检测电池组状态是否良好；③将相应按钮转到读数档；④调节自动校准控制系统，使读数满量程，断开短路，读数应该回到量程最左端，若不能，表明该仪器需要专业维修。

（2）探头清洗。露点仪多在油、气等环境中使用。探头极易受到环境（如油、气等碳氢化合物）的污染，可在正乙烷中浸泡约 10min，再在蒸馏水中浸泡约 10min，后置于 50℃的低温烘箱中烘干，再经超声波清洗即可，清洗前后的电容基本上不变。

（3）分子筛维护。根据露点仪工作原理，应关注分子筛是否需要再生或更换。当探头进入分子筛干燥，等待约 10min，露点大于－70℃，可认为分子筛处于干燥状态，若露点小于－70℃，则需对分子筛进行再生或更换。传感器不使用时是通过头部内的干燥剂保持干燥。每次测量后，干燥剂只能干燥很小一部分空气或样气，且同待测气体和室内空气是完全隔离的，干燥剂正常情况下使用寿命约为 5 年，长期使用后或由于特殊原因，干燥剂可按对应说明更换。

（4）在露点式湿度测试仪中，当固体颗粒、污着物、油污进入仪器时，镜面会受到污染，在低露点测量时，会引起测量的露点偏离。若仪器没有镜面污染误差补偿功能，或没有自动污染误差消除程序，或镜面污染严重时，均需采用适当出口的溶剂对镜面作人工清洗，可以用涤绸沾无水乙醇轻擦镜面。

（5）应该避免在高温、湿气、灰尘多等环境中储放仪器，如果不注意，极易导致内部构件损坏，进而影响了正常的应用。

（6）对于镜面式露点仪，如果镜面受到污染，将使露点温度显示不稳。此时可以打开检测器上盖，用棉签沾少量无水酒精小心擦干净。装好上盖后用余气吹干。操作时需十分小心，务必不能划伤镜面或碰坏插针。

（7）仪器周期检定及要求。

仪器需定期校准，一般来说校准周期为 1 年。

二、SF$_6$ 分解产物检测仪的维护

1. 仪器的使用注意事项

（1）与 SF$_6$ 绝缘设备的气体管路连接时，请勿正对取气口、转接头，防止出现意外事故。

（2）对故障或开合闸后不足 48h 的气室进行检测时，应采用大量程检测。此时气室内的 SO$_2$ 浓度可能大于 $100\mu L/L$，超出 SO$_2$ 小量程的量程。48h 后，气室中的分解产物浓度进入相对稳定阶段，此时检测数据可以进行纵向对比，更加精确分析设备运行状态。

（3）采用集气袋回收检测尾气时，应注意尾气压力＜3kPa。建议采用铝箔集气袋，不宜采用尼龙集气袋。

（4）检测结束后应开启气泵清洗气路。可以清除检测气体中的杂质，并带入空气和水分，有利于延长传感器使用寿命。

（5）对于不能自动控制流量 SF$_6$ 分解产物检测仪，进气压力＜0.15MPa 时，可采用低压模式。

（6）设备取气口有明显油泥、污秽物时应用无毛纸清洁，避免油污进入仪器。当油污进入传感器后，传感器中的电解液与油中的挥发性气体易产生反应，引起传感器"中毒"，缩短使用寿命乃至损坏。

2. 仪器的维护

（1）零位校准。

1）进入零位校准界面。

2）选择"SF$_6$ 清洗"，待流量稳定后，观察零位值是否稳定。

3）当前零位较原零位变化＞10％时，保存当前零位，否则无需保存，零位校准完成。

（2）仪器周期检定及要求。仪器需定期校准，一般来说校准周期为 1 年。

三、SF₆气体纯度检测仪的维护

1. 仪器使用注意事项

（1）设备取气过程中，请勿正对取气口、转接头，防止出现意外事故。

（2）试验前应确定被检测气室为 SF₆气室。基于纯 SF₆ 标定的纯度仪检测 SF₆ 混合气体（如 SF_6/N_2，SF_6/CF_4）将导致检测数据严重失真。

（3）热导传感器的工作原理导致其受温度影响较大，检测前应充分预热。

（4）夏季户外使用仪器时，应避免长时间阳光直射导致仪器内部升温而影响检测精度。

（5）设备取气口有明显油泥、污秽物时应用无毛纸清洁，避免油污进入仪器。油污可在传感器表面形成油膜，气体无法与传感器接触，导致输出信号衰减。因传感器的电桥臂采用金箔丝连接，无法进行物理清洁，将导致传感器损坏。

2. 仪器的维护

（1）仪器不宜低温或高温存储，建议存储温度为 5～35℃。

（2）仪器存储应尽量避免接触化学性能活泼气体。

（3）长期存储仪器应三个月检查一次电量。

（4）仪器应一年校准一次。

第五章
实验室其他设备及维护

第一节　实验室其他设备

一、分析天平

分析天平是定量分析中重要的精密衡量仪器之一，了解分析天平的构造，熟练地使用分析天平是油气检测人员应掌握的一项基本实验技术。

分析天平依据天平的构造原理分为杠杆天平（机械式天平）和电子天平两大类。常用的分析天平是双盘电光天平和电子天平。电子天平使用电磁力平衡原理，没有刀口和刀承，无机械磨损，采用数字显示，称量快速，只需要几秒钟就可以得到称量结果，已经得到广泛的应用。

1. 原理

电子天平是依据电磁力平衡原理工作的，与传统的机械分析天平的称量原理不同。电子天平秤盘通过支架连杆与线圈相连，线圈处于磁场中。秤盘及被称物体的重力通过连杆支架作用于线圈上，方向向下，线圈内有电流通过，产生一个向上作用的电磁力，与秤盘重力方向相反，大小相等。位移传感器处于预定的中心位置，当秤盘上的物体质量发生变化时，位移传感器检出位移信号，经调节器和放大器改变线圈的电流直至线圈回到中心位置为止，通过数字显示出物体的质量。由于电子天平的称量结果与重力加速度 g 有关，其称量值随地域不同而改变，因此电子天平新安装或移动位置后必须进行校准。

2. 组成及特点

电子天平由秤盘、簧片、磁铁、磁回路体、线圈架、位移传感器放大器、电流控制圈等 8 个部分组成。电子天平的外形由秤盘、托盘、防风环、防尘隔板 4 个部分成如图 5-1 所示。

电子天平的特点是：

（1）没有刀口和刀承，采用数字显示代替指针刻度显示；使用寿命长，性能稳定，灵敏度高，操作方便。

（2）采用电磁力平衡原理，称量时全量程不用砝码；放上被称物后，在几秒钟内即可达到平衡，显示读数，称量速度快，精度高。

（3）具有内部校正功能，当天平初次安装或移动位置后，可通过天平内部自带的标准砝码进行自动校准。

（4）高智能化，可在全量程范围内实现去皮重、累加，超载显示、故障报警等。

图 5-1　电子天平

二、实验室超纯水机

实验室超纯水机也叫超纯水机，跟纯水机很像，区别在于比纯水机制出来的水更加纯净，电导率更低（纯水的极限电导率为 $0.0547\mu S \cdot cm$，电阻率为 $18.3M\Omega \cdot cm$）〔电阻率大于 $18M\Omega \cdot cm$，或接近 $18.3M\Omega \cdot cm$ 极限值（25℃）〕。

超纯水机制出来的水根据水质判定，符合中国国家实验室用水规格 GB 6682 的水才称之为"实验室超纯水"。实验室超纯水机包括预处理系统、反渗透系统和超纯化系统，其工作原理如下：

1. 预处理系统

预处理系统的主要目的是去除水中的不溶性杂质、可溶性杂质、有机物、微生物，使其主要水质参数达到后续处理设备的进水要求。

2. 反渗透系统

（1）反渗透装置。利用逆渗透原理，采用具有高度选择透过性的反渗透膜，能使水中的无机盐去除率达到 99%。同时，也能脱除水中的各种有机物、微粒。经过预处理后合格的原水进入置于压力容器内的膜组件，水分子和极少量的小分子有机物通过膜层，经收集管道集中后，通往产水管，再注入纯水箱。反之，不能通过的 36% 水和 98% 以上的阴、阳离子和其他物质经由另一组收集管道集中后通往浓水排放管，排出系统之外。系统的进水、产水和浓水管道上都装有一系列的控制阀门、监控仪表操作系统，它们将保证设备能长期保质、保量的系统化运行。反渗透装置如图 5-2 所示。

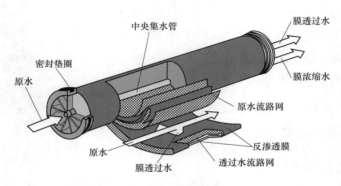

图 5-2　反渗透装置

（2）自动冲洗功能。由于原水中高价离子的含量比较高，因此当停机时，膜浓水侧的污染物会沉淀在 RO 膜表面，并且由于 RO 膜浓水侧的含盐量很高，RO 膜会失去与之平衡的反渗透压，RO 膜透过水侧的淡水会吸干而造成对膜的严重损害。因此，在高压泵停止运行的同时应开启冲洗装置，由进水置换 RO 膜内的药品及污物，从而保护膜，本操作过程由控制系统程序控制，在开机启动和水箱水满时自动执行双冲洗 RO 膜，以延长 RO 膜的使用寿命。

3. 超纯化系统

离子交换树脂利用 H^+ 交换滤除进水中的阳离子，利用 OH^- 交换滤除进水中的阴离子，树脂中置换出的 H^+ 和 OH^- 结合后生成 H_2O，超纯化柱装填美国陶氏超纯水专用抛光树脂，其产水电阻率可达 18.25MΩ·cm。

三、气相色谱振荡仪

（一）气相色谱振荡仪简介

利用气相色谱法分析油中溶解气体的组分含量必须将溶解的气体从油中定量地脱出来，再注入色谱仪中，进行组分和含量的分析。目前，常用的脱气方法有顶空取气法和真空法两类。真空法由于取得真空的方式不同，又分为水银托普勒泵法和机械真空法两种。电力系统常用的脱气方法主要是顶空取气法中的振荡平衡法和机械真空法。

多功能自动温控振荡仪是用于气相色谱测定的新型多功能振荡仪，符合 GB/T 17623《绝缘油中溶解气体组分含量的气相色谱测定法》的振荡脱气方法，用于实验室中对各类绝缘油进行恒温时加热、振荡、脱气。

（二）气相色谱振荡仪原理

1. 顶孔取气法

顶孔取气法又称溶解平衡法，是基于亨利分配定律，即在一恒温恒压条件下，油样与洗脱气体构成的密闭体系内，使油中溶解气体在气、液两相达到分配平衡。通过测定气相气体中各组分浓度，并根据分配定律和物料平衡原理所导出的公式，求出油样中的溶解气体各组分浓度。

2. 真空全脱气法

变径活塞泵脱气装置由变径活塞泵、脱气容器、磁力搅拌器和真空泵等构成。利用气与负压交替对变径活塞施力的特点，使活塞反复上下移动多次扩容脱气、压缩集气。为了达到完全脱气的目的，该装置通过连续补入少量氮气（或氩气）的方式，对油中溶解气体进行洗脱，实际上变径活塞泵脱气是顶空脱气法和真空脱气法联合应用的一种脱气装置。

（三）多功能自动脱气振荡仪

多功能自动脱气振荡仪由恒温室、显示屏、加热器、电子恒温控制系统、震荡时间控制系统等组成。

多功能自动脱气振荡仪主要用于变压器油溶解气体分析时的恒温振荡脱气，可实现加热、温控、定时振荡、延时报警的全套智能化流程自动控制，可同时对八个油样进行脱气。其结构包含固定托盘、滑块、皮带、主板、震荡电机、加热丝、搅拌风机、铂电阻等。

仪器内共有上下两层托盘，每层可以放置 4 个 100mL 的注射器，优先使用下托盘。注意放置样品时注射器的出口应在下部。样品要压紧到卡槽内，上下层托盘要扣紧。其内部结构如图 5-3 所示。

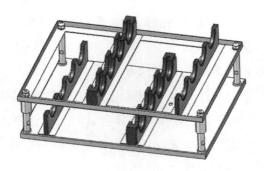

图 5-3　多功能自动脱气震荡仪内部结构

中分 1081-Ⅱ自动脱气振荡仪如图 5-4 所示，其工作流程如下：

打开主机电源开关，仪器的界面左右两侧分别显示 50 和 20，表示温度已设置在 50℃时振荡，振荡时间为 20min。可直接按下"启动"键，微机会自动进入预定工作程序。此时时间显示为零。

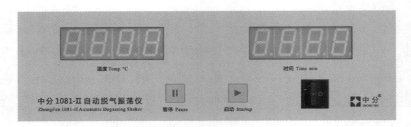

图 5-4　中分 1081-Ⅱ自动脱气振荡仪

待仪器箱体内温度稳定在 50℃时，振荡机构自动开始工作，计时开始，振荡 20min 后，自动静停 10min，然后会有蜂鸣声音提示工作已结束，此时可从箱内取出注射器进行气体转移。

四、气体继电器校验台

（一）气体继电器校验台简介

气体继电器校验台是一种气体继电器流速值及容积值校验的专用设备，主要用于油浸式电力变压器上气体继电器的检测和校验。校验台模拟变压器内故障时气体继电器的动作机理，采用先进的计算机测控技术，通过实时采集流量信号并准确计算出流速值，达到定量检测动作于跳闸流速值的目的；通过定量容积计量装置，达到准确检测动作于信号容积值的目的。

气体继电器校验台可以实现气体继电器动作于跳闸流速值、动作于信号容积值和密封性能的校验，各校验项目可分别独立完成，且互不影响。具体可参照 DL/T 540《气体继电器检验规程》、JB/T 9647《变压器用气体继电器》。

（二）气体继电器校验台校验原理

1. 气体继电器校验台的基本原理

气体继电器校验台采用渐进式油流冲击的方法，通过模拟变压器内故障时气体继电器的动作机理，实时采集流量信号并准确计算出流速值，油流速度从 0m/s 开始缓慢、均匀、稳定增加，直至有跳闸动作信号输出时测得瞬时稳态流速值为流速动作值，达到定量检测动作于跳闸流速值的目的；通过定量容积计量装置，采用计量装置反向抽取继电器内部的变压器油，使油面下降，直至有轻瓦斯信号输出，系统记录抽取的变压器油的体积，实现了准确检测动作于信号容积值的目的。

油流冲击测试法是国内目前主流的校准方法，瓦斯校验设备大都基于此种方式。

2. 气体继电器相关基本术语

（1）气体继电器。气体继电器是油浸式变压器专用的一种继电保护装置。由于变压器内部故障而使油分解产生气体或造成油流冲动时，使继电器的接点动作，以接通指定的控制回路，并及时发出信号或自动切除变压器。

（2）流速整定值：预先设定的继电器动作的油流速值。

（3）流速动作值：在检验时继电器实际动作的油流速值。

（4）气体容积整定值：预先设定的继电器动作的气体容积值。

（5）气体容积动作值：在检验时继电器实际动作的气体容积值。

（三）气体继电器检测仪器

1. 气体继电器校验台构成

以实验室中常用的郑州赛奥的 WSJY-C 型气体继电器校验台为例，气体继电器检验台主要包括油流控制系统、轻瓦斯及密封控制系统、油箱和液压动力系统、检测仪器和上位机等。

气体继电器校验的基本流程：将被试气体继电器装夹在夹紧装置之间，控制系统通过变频器调节油泵转速，使管道中的油流速度从 0 逐步增大，控制系统通过采集流量计的瞬间流量脉冲信号，对采集到的流量脉冲信号进行运算处理。当油流速度达到一定值后，被试气体继电器挡板动作，干簧接点吸合，控制系统接收到流速接点信号，控制油泵停止，完成重瓦斯流速检测。控制系统记录下瞬间动作的流速值，此值为气体继电器重瓦斯流速动作值。

轻瓦斯测试时将气体继电器夹紧装置两端球阀关闭，形成一个密封空间，通过设备内部计量泵向该空间内补油，直至内部空气排出干净后，反向抽取气体继电器内部绝缘油，直至气体继电器轻瓦斯动作，并记录此时抽取的容积值，即为气体继电器气体容积动作值。

密封性能试验时与轻瓦斯试验时方法一致，计量泵反向向气体继电器内部补油加压，直至设定压力，并保持一定时间，检测压力是否下降及继电器密封处是否存在泄漏情况。

（1）油流控制系统：主要作用是通过变频器调节油泵转速，使管道中的油流速度从 0 逐步增大，控制系统通过采集流量计的瞬间流量脉冲信号，对采集到的流量脉冲信号进行运算处理。油流管路主要组成部分包括油泵、管路，如图 5-5 所示。

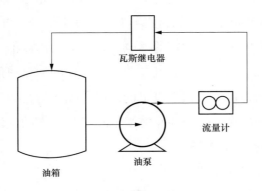

图 5-5　油流管路示意图

（2）轻瓦斯及密封控制系统：主要是通过计量泵与油管路配合，通过计量泵正反转来对继电器内部绝缘油进行抽取、加油，抽取时同步进行计量，当轻瓦斯动作时记录容积值，反向加油时，使内部压力增加，待压力到达设定值后停止加压。

（3）油箱和液压动力系统。

1）油箱：主要的作用是盛装校验所需的绝缘油，内部安装加热装置，确保校验过程中绝缘油温度保持在规程要求范围内。

2）液压动力系统：主要作用是替代手动压紧装置，通过液压缸的伸缩夹紧继电器，带有压力保护系统，夹紧后自动停止。

（4）检测仪器。检测仪器是气体继电器校验台的核心部件，它的功能就是检测设备内部压力、温度、流量、容积，进行非电量转换，将模拟信号转换为电信号，并将电信号传输至主板，以便进行下一步分析处理。检测器的性能直接影响仪器的整体性能，主要表现在影响稳定性和灵敏度，WSJY-C 型气体继电器校验台配备了高精度的压力传感器、涡轮流量计、温度传感器。

1）压力传感器。压力传感器是能感受压力信号，并能按照一定的规律将压力信号转换成可用的输出电信号的器件或装置。压力传感器通常由压力敏感元件和信号处理单元组成，利用压阻效应原理，被测介质的压力直接作用于传感器的膜片（不锈钢或陶瓷）上，使膜片产生与介质压力成正比的微位移，使传感器的电阻值发生变化，利用电子线路检测这一变化，并转换输出一个对应于这一压力的标准测量信号。

2）涡轮流量计。涡轮流量计是当被测流体流过传感器时，冲击涡轮叶片，对涡轮产生驱动力矩，使涡轮克服摩擦力矩和流体阻力矩而产生旋转。在一定的流量范围内，对一定的流体介质黏度，涡轮的旋转角速度与流体流速成正比。叶轮的转动周期性地改变磁电转换器的磁阻值。检测线圈中磁通随之发生周期性变化，产生周期性的感应电势，即电脉冲信号，经放大器放大后送至显示仪表显示。

3）温度传感器。温度传感器是指能感受温度并转换成可用输出信号的传感器，该型设备内采用 PT100 铂热电阻，它的阻值会随着温度的变化而改变，通过测量传感器的阻值，经转换模块转换为温度值。

（5）上位机。上位机通过通信线与设备进行连接，安装上位机控制系统软件，继电器夹装后通过软件进行操作设备。校验数据及报表可在软件上进行展示。

2. 技术指标

（1）工作温度：－10～40℃、相对湿度≤80％。

（2）工作电压：AC380V（50Hz）。

（3）供电方式：三相四线制。

（4）最大输入功率：4.5kW。

（5）流速检测范围：ϕ80：0～2.1m/s；

ϕ50：0～3.1m/s；

ϕ25：0～4.1m/s。

（6）气体容积检测范围：0～999mL。

（7）密封性能校验：

1）试验压力：0.1MPa～0.25MPa。

2）试验时间：2～60min。

3）流速重复误差：±0.01m/s。

4）容积重复误差：±10mL。

5）校验精度：1.5级。

除了常见的 WSJY-C 系列外，实验室常用的气体继电器校验台还有 WSJY-D 型，它们分别适用于不同的实验场景。

与 WSJY-C 型相比，WSJY-D 型实现了气体继电器多组接点同时校验、反向油流冲击试验、气体继电器远传校验三个主要工作流程。其功能的不同提升了相对优越性，避免了部分因操作员个体差异导致的人为数据误差，数据精准度相对高，一次校验即可完成气体继电器三轻三重六组接点的校验。WSJY-D 型气体继电器校验台外观如图 5-8 所示。

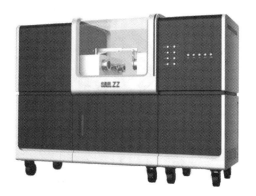

图 5-8　WSJY-D 型气体继电器校验台外观

第二节　实验室其他设备的维护

一、分析天平的维护

（一）使用注意事项

（1）天平应放在干燥、无日光直射与不易受热、受冷的地方，室内应无有害气体或水蒸气。放置天平的工作台必须平坦、牢稳、坚固。

（2）称量前先将天平护罩取下叠好，放在天平箱右后方的台面上。查看天平使用记录，了解之前天平的使用情况，检查变色硅胶是否有效，检查天平是否处于正常状态，必要时用软毛刷保洁，调整天平的零点，检查砝码。

（3）天平载重不能超过天平的大载荷，称量前要先使用台称粗称。

（4）称量前先将天平护罩取下叠好，放在天平箱右后方的台面上。

（二）天平的维护

（1）天平内应放置干燥剂如硅胶等，并需定时更换以保证天平内空气干燥。

（2）天平各部件要定期检查，保持清洁，各零部件若有灰尘，应用细软毛刷轻轻扫除，注意勿使螺丝转动或损害刀刃。

（3）如发现天平失灵、损坏或有可疑时，应立即停止使用，不得任意拆卸零件或装配零件。

（4）光学系统的调节。

1）灯泡时明时暗的原因：①电源电压不足；②灯泡所需电压和变压器输出电压不相符。

2）长明灯的原因。所谓长明灯就是开启天平或关闭天平时，灯泡始终明亮。主要是两片电源接触片贴在一起的缘故。调修方法，可用手将贴在一起的电源接触片分开，将其弯一弯，适当地增加接触片的弹性和间隙。

（5）盘托高低不适当盘托过高，关闭天平时，称盘向上抬起，有时引起吊耳脱落；盘托过低，关闭天平后，称盘仍自由摆动。可取下称盘，取出盘托，调节盘托下面杆上螺丝的位置以改变盘托高度至合适。

（6）指针跳动当横梁被托起时，如支点刀的刀口与刀垫间前后距离不等，则开启天平时，会产生指针跳动，可把横托架左臂前的螺丝放松，然后用扳手或拨棍调节小支柱的高度，直到指针不再跳动。

（7）天平摆动受阻阻的原因：

1）盘托卡住不能下降。解决办法，可取下称盘，取出盘托，用干布或干纸擦净后，涂上机油，再安装使用。

2）内外阻尼器相碰或有轻微摩擦。解决办法有：①检查天平是否处于水平状态；②根据"左一右二"的原则，看内阻尼器是否错放；③从天平顶部观察内外阻尼器四周的空隙，如大小不匀，应取下称盘及吊耳，将内阻尼器转180°再试用；④如上述调节无效，可小心地旋松固定外阻尼器的螺丝，从天平顶部观察，以内阻尼器为标准，移动外阻尼器的位置，直至内外阻尼器不再摩擦，拧紧螺丝。

（8）天平应定期校验，一般一年校准一次。

二、实验室超纯水机的维护

（一）仪器的使用注意事项

（1）实验室超纯水机使用时需要了解些事项，原水进水事项：原水进水的要求，原水水质 TDS＜200ppm（市政自来水即可满足），水温 5～45℃。

（2）当进水水质 TDS＞400ppm 时过滤系统里的耗材很容易损耗，更换的频率会变得很高。

（3）使用前需要检查排水系统，排水系统会影响到水质和耗材的使用寿命，当不能正常排水的情况下机器不能冲洗和清洗，细菌容易滋生，反渗透系统容易堵塞。

（二）仪器的维护

实验室超纯水机维护和保养相对简单，主要分别有耗材定期的更换，保持机器的干净、无漏水检查和清洁。

（1）耗材更换期限：前置过滤系统一般是在 3～6 个月的时间，反渗透过滤系统一般在 24 个月的时间，去离子交换系统耗材是根据超纯水出水的水质来定，实验室一级水的水质的电阻率在 10MΩ·cm（25℃）以上，当低于这个数值的时候就需要更换了。实验室用水要求较高些的就在电阻率在 15MΩ·cm（25℃）以上．所以根据实验室使用用水的条件而定。

（2）更换万耗材后注意清洁内部水渍。

（3）实验室长期不使用超纯水机的时候要关闭进水水阀和切断电源，超过 30 天无使用情况，使用前需要检查水路和电路是否正常，用水前需要放超纯水 15 分钟左右，如果水质异常需要尽快更换耗材再使用。

三、气相色谱振荡仪的维护

（一）仪器的使用注意事项

（1）在转速范围内中速使用，可延长仪器的使用寿命。

（2）仪器应放置在较牢固的工作台上，环境应清洁整齐，通风干燥（避开热源干扰）。

（3）使用仪器前后，先将调速旋钮置于最小位置，开关"振荡开关"。

（4）装培养试瓶。为了使仪器工作时平衡性能好，避免产生较大的振动，装瓶时应将所有试瓶位布满，各瓶的培养液应大致相等。若培养瓶不足数，可将试瓶对称放置或装入其他等量溶液的试瓶布满空位。

（二）仪器的维护

（1）正确使用和注意仪器的保养，使其处于良好的工作状态可延长仪器的使用寿命。

（2）仪器在连续工作期间，每三个月应做一次定期检查：检查是否有水滴、污物落入电机和控制元件上；清洁轴流风机上的灰尘；检查保险丝，控制元件及紧固螺钉。

四、气体继电器校验台的使用与维护

（一）气体继电器校验台使用注意事项

正确的维护仪器不仅能够使仪器始终处于正常工作状态，而且能够延长仪器的使用寿命。使用、维护仪器时必须注意：

（1）开机时应先打开校验台再打开计算机校验软件。

（2）测试继电器时，升降器的高度要求调整适中。

（3）重瓦斯校验时应注意气体继电器油流方向与校验台油流方向保持一致，反向油流试验时应注意气体继电器油流方向与校验台油流方向相反。

（4）夹紧过程中注意手不要放到夹紧装置的压紧面上。

（5）校验完成后，先关闭计算机系统软件，待系统关闭后再按电源按钮，关闭校验台，并及时切断校验台的整机工作电源。

（二）气体继电器校验台的维护

1. 仪器周期检定及要求

一般来说气体继电器校验台的检定周期为 1 年。仪器使用者，可视各自企业单位的使用情况，请生产厂家或者第三方单位定期对仪器进行检定。

在进行检定的时候，应使用带计量证书的标准器具对校验台进行检定，并联系相关生产厂家咨询检定方法。

2. 气体继电器校验台维护操作

（1）油箱：使用之前检查确认液位是否在液位线上方。

（2）液压动力单元：液压缸动作时压力大小正常，油箱内液压油液位在上下刻度之间。

（3）电控操作面板：表面无灰尘、电气元件无破损安装紧固，开关按钮动作灵敏可靠。

（4）电机：使用前检查确认紧固电机底座螺丝，设备运转过程中无异响。

第六章
油气检测实验室
管理制度

第一节　实验室安全管理制度

一、个人安全防护规定

（1）人员进入实验室，必须按规定穿戴必要的工作防护服，用于防护化学品喷溅或滴漏等危害。

（2）试验人员应充分了解化学试剂的物理、化学性质，试验时，精力必须高度集中。

（3）实验过程中使用挥发性有机溶剂、特定化学物质或其他环保署列管毒性化学物质等化学药品时，必须要穿戴防护用具，包括防护口罩、防护手套、防护眼镜。上述装备必须佩戴齐全后，方可进行实验。

（4）实验过程中，严禁戴隐形眼镜，主要防止化学药剂溅入眼睛而腐蚀眼睛。

（5）实验人员进行实验时，需将长发及松散衣服进行固定，特别是在药品处理过程中。

（6）实验人员如不慎发生中毒、烧伤，立即送医院治疗。

（7）试验时应征得实验室负责人批准，并且实验内必须两人以上在场方可进行。

（8）在进行无人监督实验时，需充分考虑实验装置对于防火、防爆的要求和潜在危害，保证实验室内灯光常亮，并在显眼位置注明实验人员的联系信息和出现危险时联系人信息，如不慎失火，按防火制度中的规定处理。

二、药品安全相关规定

（1）应按照实验操作规程进行实验，切勿擅自更换实验流程（危险性化学品种类见危险性化学品名录）。

（2）领取药品时，需根据容器上标示中文名称进行确认。

（3）取到药品后，确认药品危害标示和图样，掌握该药品的危害性。

（4）使用挥发性有机溶剂、强酸强碱性、高腐蚀性、有毒性药品，或进行产生挥发性气体的化学试验时，必须在通风橱里进行，通过排风设备将少量毒气排到室外，产生大量有毒气体的实验必须具备吸收或处理装置，注意通风设备的正确使用，勿将有害气体泄漏至实验室内。

（5）有机溶剂，固体化学药品，酸、碱化合物均需分开存放，挥发性化学药品必须放置于具抽气装置的药品柜中。

（6）高挥发性或易于氧化的化学药品必须存放于冰箱或冰柜之中。

（7）在进行具有潜在危险实验操作时，避免单独一人在实验室操作，至少保证两人在实验室后，方可进行实验。

（8）稀释溶液时必须将比重大的溶液倒入比重小的溶液中，并注意搅拌。

（9）酸、碱废液必须分别存放，经处理达标后方能排放。对于废酸液，可先用耐酸塑料网纱或玻璃纤维过滤，然后加碱中和，调至 pH 值为 6～8 后可排出，少量废渣埋于地下；对于剧毒废液，必须采取相应的措施，消除毒害作用后再进行处理；实验室内大量使用冷凝用水，无污染可直接排放；洗刷用水污染不大，可排入下水道；酸、碱、盐水溶液用后均倒入酸、碱、盐污水桶，经中和后排入下水道；有机溶剂回收于有机污桶内，采用蒸馏、精馏等分离办法回收。对能产生有毒气体的物质，不得随意倒入废液桶中，须单独存放，解毒处理达标后方能排放。

（10）实验结束后产生的实验垃圾应与生活垃圾严格区分，根据相关处理规定和方法予以合理安全处理。

三、用电安全相关规定

（1）电气设备的安装和使用管理，必须符合安全用电管理规定，大功率实验设备用电必须使用专线，严禁与照明线共用，谨防因超负荷用电着火。

（2）仪器设备在使用过程中，如发生异常情况应立即断电检查原因，修复后才能使用，重大问题应及时报告实验室主任处理。

（3）实验室用电容量的确定要兼顾事业发展的增容需要，留有一定余量。严禁实验室内私自乱拉乱接电线。

（4）实验室内的用电线路和配电盘、板、箱、柜等装置及线路系统中的各种开关插座、插头等均应经常保持完好可用状态，电线接头、断头必须用绝缘胶布包扎好。熔断装置所用的熔丝必须与线路允许的容量相匹配，严禁用其他导线替代。室内照明器具都要经常保持稳固可用状态。

（5）针对存放散布易燃、易爆气体或粉体的实验室内，所用电器线路和用电装置均应按相关规定使用防爆电气线路和装置。

（6）实验室内可能产生静电的部位、装置应进行明确标记和警示，对其可能造成的危害要有妥善的预防措施。

（7）实验室内所用的高压、高频设备要定期检修，要有可靠的防护措施，特别是自身要求安全接地设备；用电设备应按规定与漏电保护器连接；定期检查线路，测量接地电阻。自行设计或对已有电气装置进行自动控制的设备，在使用前必须经实验室与专业人员组织进行验收合格后方可使用，其中的电气线路部分也应在专业人员查验无误后再投入使用。

（8）实验室内不得使用明火取暖，严禁抽烟。必须使用明火实验的场所，须经批准后使用。

（9）切勿在双手沾水或潮湿时接触电器用品或电器设备；严禁使用水槽旁的电器插座（防止漏电或感电）；仪器设备不使用或下班时，应拉闸断电（需连续使用者除外）。

（10）实验室内的专业人员必须掌握本室的仪器、设备的性能和操作方法，严格按操作规程操作。

（11）试验室内的机械设备应装设防护设备或其他防护罩。

（12）请勿使用无接地设施的电器设备，以免产生感电或触电。

四、压力容器安全规定

（1）气瓶应专瓶专用，严禁随意改装其他种类的气体。

（2）气瓶应存放在阴凉、干燥、远离热源的地方，易燃气体气瓶与明火距离不小于5m；氢气瓶应隔离存放。

（3）气瓶搬运要轻、要稳，放置要牢靠。

（4）不得混用各种气压表。

（5）氧气瓶严禁油污，注意手、扳手或衣服上的油污污染气瓶。

（6）气瓶内气体不可用尽，以防倒灌。

（7）开启气门时应站在气压表的一侧，严禁将头或身体对准气瓶总阀，防止阀门或气压表因压力过大脱离气瓶冲出伤人。

（8）搬运应确知护盖锁紧后才进行。

（9）容器吊起搬运不得用电磁铁、吊链、绳子等直接吊运。

（10）气瓶远距离移动尽量使用手推车，务求安稳直立。

（11）以手移动容器，应直立移动，不可卧倒滚运。

五、防火防爆安全规定

（一）防火

（1）加强安全教育，提高安全意识，平时要注意偶然着火及化学试验可能起火的因素，定期检查加热电器连接导线、控制器是否完好，放置是否符合放火要求。

（2）防止煤气管、煤气灯漏气，使用煤气后一定要确保把阀门完全关闭。

（3）乙醚、乙醇、丙酮、二硫化碳、苯等有机溶剂易燃，实验室不宜过多存放。使用时或使用结束后，严禁倒入下水道，以免集聚引起火灾。

（4）金属钠、钾、铝粉、电石、黄磷以及金属氢化物要注意使用和存放，使用结束后严格按照相关处理规定进行后续处理，不可直接当作实验废弃物处理，特别注意不能与水直接接触。

（5）分析实验室可能着火点，牢记实验室着火类型，可根据不同情况，选用水、沙、泡沫、二氧化碳或四氯化碳灭火器灭火。试验人员应了解灭火器性能、使用方法、注意事项，并定期检查。

（6）发生火灾，分别按下列情况处理：

1）电气设备失火，应立即切断电源，用干粉灭火器灭火。

2）化学药品失火可用干粉灭火器或湿布灭火。已酿成火灾，应立即报警，同时组织抢救。

3）下班后与节假日应关好门窗，防止被盗。

4）新到实验室工作人员必须进行安全防火知识教育及消防器材使用训练。

（7）成立义务消防队：①负责人为实验室主任；②成员为实验室全体员工。

（二）防爆

（1）氢气、乙烯、乙炔、苯、乙醇、乙醚、丙酮、乙酸乙酯、一氧化碳等可燃性气体与空气混合至爆炸极限，在有热源引发情况下，极易发生支链爆炸。因此，该类气体的存储应当进行隔离存储。试验中涉及上述易燃物时，应该在通风设备良好的通风橱内进行，并且做好相关防护措施，确保实验装置的气密性。对于防止支链爆炸，主要是防止可燃性气体或蒸汽散失在室内空气中，保持室内通风良好。当大量使用可燃性气体时，应严禁使用明火和可能产生电火花的电器。

（2）氧化物、高氯酸盐、叠氮铅、乙炔铜、三硝基甲苯等易爆物质，受震或受热可能发生热爆炸，使用时轻拿轻放，注意周边环境对其存放和使用的影响。

第二节　实验室日常管理制度

一、实验室基本管理制度

（1）实验室应配备能满足油气检测需要且具有相应资质的人员，并制定培训计划，对试验人员进行试验检测培训，提高检测能力和水平，以便更好地服务于现场。

（2）实验室应配备能满足油气检测需要的仪器设备，且相关仪器设备必须按有关规定和规范进行定期计量检定，强制检定的仪器设备委托具有相关计量资质的计量检定单位进行检定，非强制检定的仪器设备按照相关的自检规范由实验室具有相关计量资质的人员进行自检。

（3）实验室附近不得有振动源、噪声、强光、强磁场、化学腐蚀、放射线等对试验工作有影响的不利环境因素，实验室应配备有满足要求的水泥混凝土标准养护箱和水泥混凝土标准养护室，标养面积和温湿度的可控范围满足相关的规范要求。

（4）实验室应保持清洁、整齐、安静，禁止随地吐痰，乱丢脏物，实验室应定期进行打扫清洁，制定相关的环境卫生制度。

（5）实验室应加强安全、环保管理，要有防火防盗意识，加强化学物品及电源导线开关等的检查，避免因火灾而造成财务和资料的重大损失，配备灭火器和消防用砂，相关人员要了解相关灭火器的使用，具备一定的防火防盗知识，实验室应根据具体的环境要求制定相应的防火防盗制度。

（6）实验室应严格执行计量法，按规定周期对仪器设备进行计量检定，确保数据准确，仪器设备由保管人保管，试验仪器保管人应对保管的仪器负责，按时或者定期进行检查和维护，在使用前检查是否正常和计量是否准确，并定期及时地对试验仪器进行计量检定，贴好相关的计量检定标志，填好仪器设备维护保养记录，实验室应根据实验室的具体情况制定相应的试验仪器设备管理制度。

（7）实验室技术资料应由专人负责管理，分类保存，建立各种细致完备的台账，便于使用、查看和管理，实验室应建立资料管理制度。

（8）实验室应检查和督促现场按规范要求进行施工，并按规范要求的频率进行取样和抽检工作，负责工程用原材料、路基填料、半成品、产品的委托检验与试验，混凝土与砂浆配合比，混凝土与砂浆试件等试验。

（9）实验室应提供公正、科学、准确的数据和优质的服务，遵守国家有关法律法规的规定，严格执行检测标准和规程以及检测工作程序，不受任何利益驱动而偏离国家法律、法规和技术标准，恪守第三方公正立场，检测活动不受任何内部和外部的商务、财务及其他不良干预，保证检测数据的真实性和判断的独立性。

二、仪器设备管理制度

（1）认真贯彻执行《中华人民共和国计量法》及其实施细则和《工程试验检测管理办法（试行）》，促进实验室计量工作的规范化、制度化，确保计量管理制度的统一和量值准确可靠。

（2）仪器设备到货后由工地实验室和财务部门共同验收，依据合同核对发票、运单，检查型号、规格和数量是否相符，并尽快调试仪器设备，若发现存在质量问题，应立即向供货单位（制造商）提出质疑、索赔或退货。

（3）接收新仪器设备后，若是固定资产，应填写《检测设备固定资产验收单》，建立固定资产台账等，做到账物相符；若为低值易耗品，则应登账。所有仪器设备应建立档案袋和使用记录。

（4）仪器设备的分类、标识、编号、检定、配置、使用、报废与封存，悉遵守《检测设备管理办法》。

（5）仪器设备管理资料包括以下项目：

1）原始记录包括：①在用检测设备台账、检定、修理历史记录卡、周期检定合格证；②在用检测设备检定、校验、修理、调试记录。

2）检测设备技术档案资料包括：设备的操作规程、设备说明书、电器线路图、配套仪器登记、拆箱记录、出厂合格证书、周期检定证、维护保养记录等。检测设备的使用档案材料，必须妥善保管，正确使用。

3）检测设备的技术档案资料是各级计量人员的工作记录，是考核工作质量、处理质量事故、仲裁质量纠纷的原始依据。

（6）仪器设备应由经过培训合格的人员操作使用，并持证上岗。对主要仪器设备，要做好使用记录。使用贵重、大型、精密进口仪器设备的人员均通过有关业务部门培训，考核合格者方准使用。

（7）仪器设备保管人员应会同有关使用人根据说明书的要求制定操作规程。经实验室主任审核后，书写整齐上墙，并严格按操作规程使用。

（8）使用仪器设备前，使用人员必须检查仪器设备是否完好，运转是否正常。使用完毕后应清扫干净，并做好使用记录。

（9）仪器设备在使用时如发生故障或有异常情况时应立即停止使用，并及时通知维修人员检修。检修完毕，调试正常经检定合格后，方准恢复使用。

（10）精密、贵重、大型仪器设备的安放位置不得随意变动，如需变动，事先应征得负责人同意，安装后应重新进行检定或校验。

（11）检测仪器设备不得挪作他用，对于长期不用的电子仪器设备，每月应通电运转一次，每次不少于30min，并做好记录。

（12）仪器的外借应经实验室主任批准。借出与退还都应仔细检查设备的功能是否正常，附件是否齐全，并办理交接手续。

（13）凡属国家依法管理的仪器设备，必须按规定周期及时检定，检定合格后方可使用，未经检定、检定不合格、超检定周期的仪器设备不得使用。

（14）仪器设备除周期检定、校验外，保管人还应会同使用及修理人员不定期地进行检修，以确保其功能正常、性能完好，精度满足检测工作的要求。

（15）所有检测仪器设备均由保管人根据检定、校验和检修结果，分别账上合格证（绿色）、准用证（黄色）、停用证（红色）三种标志。检定、校验、维修、记录和证书应及时存入仪器设备档案袋内。

（16）检测仪器设备技术性能降低时，应由检定校验或维修人员根据检定、校验和检修结果，提出使用范围建议，经主任批准后，实施降级限制使用处理。降级使用情况应存入仪器设备档案。

（17）仪器报废时，应由实验室负责人提出报废申请，填写《检测设备报废申请单》，按照《工程试验检测管理办法（试行）》逐级上报，办理报废手续。

三、样品管理制度

（1）取样人员或外来委托人员将样品送至实验室时均应填写试验委托

单，试验样品管理员在接收样品时，应查看样品状态，如样品的外观、包装、规格、型号等级等，并清点样品，认真检查样品及其附件资料的完整性，检查样品的性质和状态是否适宜于所检项目。

（2）样品管理员在接收和确认样品后，按规定编号并做好标识，登记后放入样品室或交与相关试验检测组。

（3）样品室要有专人负责，限制出入，确保样品安全。样品应分类存放，标识清楚，做到账物一致；样品丢失或混淆不清必须追查原因，按责任事故处理。

（4）样品储存环境应安全、无腐蚀，清洁；水泥样品应储存于带有橡胶密封圈的专用铁桶内。

（5）破坏性检测项目一般不保留试验后样品，若检验方法有规定或委托方有要求时例外；非破坏性检测项目留存样品在该项目检测报告出具7天后，若委托方没有异议当废物处理。

（6）已检验过的样品，检测人员应在样品标识卡或其包装袋上写上"已检"字样和检测时间。

（7）丢失样品应按质量事故处理。

（8）做好防火、防盗工作，以防样品的损坏。

四、资料管理制度

（1）技术资料的管理由专人负责。

（2）应该长期保存的技术资料有：

1）国家、地区、部门有关产品质量检验工作的政策、法令、文件、法规和规定。

2）产品技术标准，相关标准，参考标准。

3）检测规程、规范、大纲、细则、操作规程和方法。

4）工程施工技术规范、工程质量检验评定标准等。

5）仪器说明书、计量合格证，仪器、设备的验收、维修、使用、降级和报废记录。

6）仪器、设备明细表和台账。

（3）各类检验原始记录、试验报告规范整理，归档保存备查，并按规定进行评定汇总。

（4）试验委托单、试验台账、试验报告发放登记本应保管至工程竣工或更长时间，以备查对。

（5）以上资料应建立清单或台账，分门别类地收集、整理、保存，并填写技术资料目录，对卷内资料进行编号，交资料员保管。

（6）技术资料入库应办理交接手续；试验人员如需借阅资料，应办理有关手续，与试验无关人员不得查阅试验报告和原始记录；原始记录不允许复制，试验报告的复印须经主任批准。

五、检测事故分析报告制度

（1）实验室及全体员工应本着认真负责的态度，公正检测获得准确数据，当样品所检结果不符合产品质量标准要求时，严格执行本管理制度。

（2）凡属下列情况之一者均视为检测事故：

1）样品丢失损坏或因保管不当，样品性能丧失下降。

2）加工试样时，弄错规格以至无法弥补。

3）未事先协商，不按标准方法或不采用标准样品进行检测。

4）检测时未及时读数、未填写原始记录或漏检项目而写不出检验结果。

5）由于人员、仪器设备、环境条件不符合检测工作要求，使检测结果达不到要求的精度。

6）已发出的检测报告，其检测数据计算错误或结论不正确。

7）检测报告、原始记录丢失，检测资料失密。

8）检测过程中发生人身伤亡事故或仪器设备损坏。

（3）凡违反上述规定均为责任事故，按经济损失的大小、人身伤亡情况分成小事故、大事故和重大事故。

（4）检测结果不合格时，应上报实验室负责人，实验室负责人在接到样品所检结果不符合汇报后，在样品能够满足试验检测的情况下，应及时另行安排其他人员进行复检。当复检结果仍为不符合时，应在不合格项目台账上登记、出具检测报告。以书面形式通知委托单位，要求相关单位按不合格品处理，并跟踪处理结果，做好不合格处理的见证和记录，必要时附上相关的影像资料，相关参与处理人员和处理见证人员签名留档保存。

（5）检测结果不合格报告应单独建立检测结果不合格项目台账。不合格项目台账应包括以下内容：委托单位、工程名称、试样名称、不合格项目、报告编号、送检日期、联系人、联系电话、通知时间、经办人。

（6）每年不合格项目台账应按文件管理程序规定归档保存。

（7）一旦发生事故，应立即报告实验室负责人，并在统一格式的事故登记表上登记。事故发生后，应立即采取措施，防止事态扩大，并保护现场，通知有关人员处理事故。

（8）对事故应及时进行调查，查清事实，由负责人主持召开有关人员参加的会议，分析事故原因及性质，对事故责任者给予批评教育或处理，并总结教训，杜绝此类事故重复发生；同时应迅速采取纠正措施，保证检测质量，减少不必要的损失。

（9）重大事故发生后，实验室应及时向上级递交事故专题报告；并积极配合上级部门的进一步调查处理。

六、实验室环境卫生制度

（1）实验室是进行检测工作的场所，必须保持清洁、整齐、安静。

（2）建立卫生值日制度，各房间清洁卫生落实到人，定期打扫室外环境卫生，疏通排水沟。

（3）试验废弃物品应放在指定的地点按时集中清理，有害有毒物质应封存后单独存放在指定的安全地点并按相关要求处理，废水、废液必须按相关要求处理，不得任意排放，保护实验室周围的环境卫生。

（4）天平室的卫生。

1）天平室存放有三级精密天平，故对环境条件有严格要求。

2）室内应随时保持清洁、干燥、无腐蚀性气体。

3）放置天平的平台、地面不得有震动源。

第三节　实验室危险化学药品管理制度

化学药品及易燃、易爆、有毒类重要物品储存分类

（1）易爆物品包括梯恩梯、硝酸、硝铵、迭氮化物等。

（2）氧化剂包括碱金属和氯酸盐、硝酸盐、过氧化物、高锰酸钾等。

（3）压缩气体和液化气体包括液氮、液氨、氯化甲烷、氧气、氖、氩、氦、氢气等。

（4）易燃物品包括酒精。

（5）腐蚀性物品包括硝酸、发烟硫酸、三氯化磷、蚁酸、乙酰氯、乙酰溴、氢氧化钾、氢氧化钠、甲醛、焦油酸等。

以上多种药品和物品应按有关规定分类存放于药品室中，由实验室主任指定专人保管。保管人员应了解其性质及保管方法。

存放易燃、易爆物品，应严格按消防条例规定执行，存放药品之间应保持一定距离，房间应阴凉、通风、干燥，并配备必要的防火器材。

不同性质的废液不能放入同一废液缸（桶）中。

上述分类药品、物品的购进、取用必须登记，并定期对过期药品或物品进行清理。

第七章
油气检测实验室验收

实验室验收考评是实验室建设和管理的重要组成部分，是促进实验室建设和提高实验室各方面工作水平的重要手段。通过验收考评，按照一定的指标体系，结合实际，客观地进行定性和定量评价，促进实验室工作步入标准化、规范化、科学化的轨道。

油气检测实验室是绝缘油、气质量监督的重要载体，通过在实验室试验装置（设备）上进行相关试验，获得绝缘油、气体等被识品的各项试验参数，然后与相应的试验标准进行比对，以此来判定被试品质量、状态。因此，油气检测实验室的试验工作在本质上是对被试品质量性能的判定。

目前，对于实验室建设，国家尚未制定专门的成套验收标准或管理文件，但与其他工程建设项目一样，在实验室建设完成后，必须根据实验室建设的既定要求和目标对其进行验收。验收工作是检验工程质量的重要手段，是工程项目流程中不可缺少的一环。只有通过验收，建有验收档案，并收集、整理、归档所有相关文件等，方可完成整个实验室工程项目建设流程，继而可根据验收合格结论将实验室投入正式使用。这也是供电企业油气检测实验室建设过程中必须进行的工作。此外，由于实验室建设是工程项目建设，根据国家关于工程项目建设的相关管理规定和工作流程，须根据相关标准、规定对实验室进行项目验收。

调研发现，目前的油气检测实验室建设总体缺乏验收环节，很可能因此未能将实验室建设中遗留的某些缺失或不足加以排除，一旦各种条件汇聚，即有可能酿成事故。本书建议，进行油气检测实验室建设时，必须遵照国家相关规定对实验室进行验收，以保证投运实验室的安全可靠性。

本章将对实验室能力和安全性进行评价。

第一节　实验室能力评价

一、评价流程

省级电网公司技术监督办公室（例如省公司设备部）组织省级电网公

司电力科学研究院等单位，对地市公司油气检测实验室进行能力评价和复评。第一年开展能力评价，之后每隔两年进行能力复评。地市公司技术监督能力评价工作流程主要包括前期准备、能力申报、现场评审、提交审核及结果发布等环节，工作流程如图7-1所示。

（一）前期准备

申报材料。各单位根据欲申报等级的检测能力要求，准备包括检测人员、检测设备、依据标准、检测报告等资料，以备现场评审专家审查。支撑材料至少包括：

（1）检测人员情况，例如学历、职称、资质等证明文件。

（2）检测设备情况。例如，设备台账、设备检定/校准报告、辅助器材等。

（3）检测依据标准清单。

（4）作业指导书和操作规程。

（5）已出具的检测报告及相应原始记录。

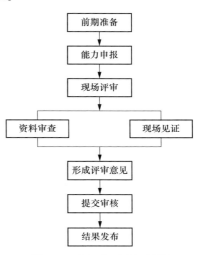

图7-1　地市公司油气检测实验室能力评价工作流程图

（二）能力申报

在前期准备的基础上开展能力申报工作，将能力评价申报表报送审查单位。

审查单位在收到各申报单位提交的资料后开展申报资料审查，审查完成后将申报资料分配至评审专家组复核，复核工作完成后组织开展现场评审。

（三）现场评审

省（自治区、直辖市）电力公司技术监督办公室召集3～5名专家组成专家组，开展现场评审。专家组到现场，按照首次会议、现场评审、资料整理、末次会议的流程开展工作现场评审工作，评审内容包括：

（1）人员资质检查：所有操作专用设备、从事检测、评价结果、编制或审核检测报告的人员应具有相应的基础理论和专业知识，并满足相应人员检测资质要求。

（2）检测设备检查：用于检测项目的仪器设备，应按相应要求取得合格的检定/校准报告，并确保使用的仪器设备在有效期内。

（3）检测依据检查：检测工作应明确检测依据的标准、仪器操作规程和检测作业指导书（卡）或其他参考性文件，相关文件需是有效的文件。

（4）检测场地与检测环境检查：不同检测项目应根据自身特点、仪器使用要求和检测实施的环境要求制定相关保障措施，并确保有效执行。

（5）现场见证：在待评价的实验室或现场开展相关检测试验，并由专家组进行现场试验见证。见证环节包括：

1）现场见证试样准备。被检单位应根据申报情况，按照申报项目准备相应的检测试样，现场专家组根据能力评价项目选取一组备选试样用于现场见证。

2）全过程试验见证。完成从试验委托、试样现场检测、原始数据处理、出具检测报告的完整环节见证。

（6）资料检查。对全环节中涉及的操作人员信息、试验使用的设备信息、作业指导书、设备操作规程等试验操作相关的支撑材料进行检查。

（四）提交审核

专家组整理评价材料，形成评价意见，编制总结报告，会同评价记录材料于评审结束 5 个工作日内报送至审查单位，审查单位汇总审核评价报告。

（五）结果发布

审查单位审核并发布能力评价结果。

二、验收要求

（一）通用要求

严格遵守实验室建设的各方面规定和要求，以保证实验室全面符合国家规定要求，也为实验室测试质量奠定可靠基础。

实验室建设的验收要结合实验室的工作用途与性质、实验室建设可行性报告、实验室建设时的项目任务书、实验室设计规划书及设计规范、实验室施工记录、监理记录、设计更改单等基建工程文件以及国家相关标准规范和行政法规等要求，按照一定的流程分析和确定验收项目，并形成最终的验收基本项目。对于安装在实验室内的各种仪器（设备），则除查核相应的设备产品标准或参考标准与规范外，主要依据产品使用说明书等文件，并经相关行政、技术人员共同讨论认同后，形成对仪器（设备）验收的流程与基本项目，并形成最终文件用于验收。

由于供电企业油气检测实验室建设主要分为土建基建和仪器（设备）安装两大部分，因此实验室的验收项目与流程也随之分成土建基建验收和设备验收两部分，具体包括试验厂房的建造验收、试验环境与条件的验收、厂房条件的软硬件验收、实验室试验仪器（设备）安装调试验收等。

所有工程验收工作都必须事先编制好验收大纲。验收大纲则一定是在充分掌握被验收物件的基本情况，调取被验收物件的相关标准规范、行政管理要求以及被验收物件的相关文件后，经梳理、分析，明确要点、重点，且在验收专家组共同讨论确认的原则基础上编制而成。验收工作的实施则应根据验收大纲中的总体要求和细目内容，逐项逐件依照标准规范及相关文件一一对照进行，直至最终完成验收。

（二）验收大纲的编制

验收大纲中的项目应该围绕以下 6 个方面展开，逐一根据细化的验收基础项目与流程确定具体内容和验收要点，并一一列出验收所依据或借鉴的相关标准规范等。

（1）检查实验室周边环境、厂房结构与质量、交付使用条件、电源、取排水、通风、温湿度控制、污染防控及避雷接地网架与实验室交通条件等是否符合设计及相关要求。

（2）检查试验厂房功能分布。

（3）检查试验仪器（设备）规格型号、安装位置及调试质量是否符合设计与试验要求。

（4）检查安全防护装置是否齐全、可靠且符合设计要求。

（5）检查试验厂房内安全疏散通道分布与应急处置条件等。

三、验收实施

实验室验收大纲编写完成并通过审批签署后，即可开始组织验收专家进入实际验收阶段。验收专家按专业分组，依据验收大纲进行各子分项的验收工作。验收工作主要分为土建基建验收和试验仪器（设备）验收两部分，且按照先土建验收后设备验收的顺序进行。按验收顺序可分为以下验收子分项：厂房结构验收，试验场所基本条件验收［包括办公条件验收、应急仪器（设备）验收等］，试验设施与仪器（设备）及其安装调试验收，试验仪器（设备）计量检测验收，环境条件验收，附属项目验收等。

以上所有验收工作结束时，应核对检查验收流程，不得有缺项或漏项。只有包括施工建造、仪器（设备）安装调试以及综合验收大纲上所有验收子分项目全部验收完成，并提交各子分项目验收报告，即现场验收结束，才能进入综合评估阶段。在召开实验室验收工作综合评定联席会议时，应重点检查各子分项目验收合格报告、对应资料及档案的完整性，经确认资料及档案完全齐备、各子分项目全部验收合格，并经综合评定联席会议通过，编制综合验收合格竣工图，则认为实验室验收完成。同时，将所有相关文件和验收报告等资料按规定制作正副本，以供备案。通常，验收资料和档案编制一式两份，一份由业主单位及时归档，另一份则由承建单位或设计单位留存。如有必要，也应允许验收专业机构留存一份。

四、试验仪器（设备）计量检测验收

油气检测实验室布置有大量的试验试验仪器（设备），在接受国家质检部门现场审核之前，实验室建设单位应对这些试验仪器（设备）进行整机自验收。整机自验收的内容与流程应该与质检部门审核内容相同，且要求应严于质检部门。自验收之前，应编制每台试验仪器（设备）自验收大纲，列明内容、事项、要点、关键部位、计量器件等。在自验收过程中，对照

自验收大纲进行全程记录，并在事后根据发生或暴露出来的问题编制限期整改方案，经整改后再进行二次自验收，直至符合设计要求并判定自验收合格。

实验室验收工作结束后，即可向有关国家质检或资质颁发部门申请实验室现场审核工作。

第二节 实验室安全性评价

要圆满完成油气检测试验任务，首先要确保实验室本身安全。在设计与验收实验室时，安全设施的有效性是必须重点关注的。

实验室安全性评价验收主要包括实验室整体安全防护与各分隔设备装置安全防护的协调性、合理性与安全性。验收时，对照设计平面图，对每台仪器（设备）、试验用房的各类线路、管道等逐一进行检查和验收。这里的安全不仅仅指仪器（设备）的安全，还指试验时设施、装置、环境等对作业人员人身安全的影响，还指试验场所本身的安全。

一、实验室安全风险评估

风险评估是检查在实验过程中是否存在对人身造成伤害的可能性。确认之后，评估者需要对风险做出评价，然后决定应采用何种方法规避伤害。具体的安全风险评估工作则是由专业领域的专家对环境安全或行为安全做出风险评估。

在安全风险评估中，由于火灾安全评估涉及面广，评估相对更为具体，对发现火灾隐患、火灾会影响到的人、火警体系、消防设备的安装、消防通道、应急灯的安装、防火安全标识、消防设施的检查和维护、消防培训和消防演习等均制定了相应的评估表格。

二、实验室安全检查

实验室安全检查是实验室安全工作的重要组成。安全检查不但包括实验室安全工作是否符合相关管理规定，还包括在实验程序、实验环境中的安全隐患的排查。

三、实验室安全风险评估的主要内容

风险评估工作包括：

（1）鉴定所使用或制造的物质的危害。

（2）评估有关危害造成实际伤害的可能性及严重程度。

（3）决定采用什么控制措施，从而把风险减小到可以接受的程度，例如，把物质的分量减少，使用较为稀释的溶液、危险性较低的化学品或较低的电压，以及使用通风橱、个人防护装备等。

（4）确定如何处置在进行实验后所产生的危险残余物。